オキナグサ

種子植物

分布 本州，四国，九州

生息環境

日当たりのよい草原に生育する。

減少要因

・園芸目的の採取
・草原の維持管理の放棄による遷移の進行
・開発による生息地の減少

コシガヤホシクサ

種子植物

分布

かつて埼玉県，茨城県に分布していたが，野生個体は絶滅した。

生息環境

ため池の岸辺や，湿った川原に生育する。

減少要因

・生息環境の変化

オニバス

種子植物

分布 本州，四国，九州

生息環境

比較的富栄養化した池に生育する。堀や農業用のため池など，人工的な環境でもよく生育する。

減少要因

・開発による生息地の減少
・水質汚濁による生息環境の悪化

マリモ

藻類

分布 北海道を含む本州中部より北の地域

生息環境

湖沼に生育する。日本では，大きな球体を形成するマリモが群生するのは阿寒湖のみである。生育環境によっては，岩に付着したり，湖底を浮遊したりするものもいる。

減少要因

・森林伐採や宅地開発に伴う生育環境の悪化

本書の構成と利用法

本書は,「生物基礎」の学習事項を全17テーマにまとめ,基礎～やや応用的な問題までを学習できるようにした,書き込み式の問題集です。

学習のまとめ	各テーマの基本事項や重要事項を,空欄補充形式で確認できます。
基本問題	各テーマの基本的な学習事項を確認できます。主に選択式の問題で構成し,基本事項の定着が図れるようにしました。
標準問題	基本問題から一歩踏み込んだ問題で構成しています。記述式の問題も取り上げ,標準的な学力が養えるようになっています。
リフレクション	各テーマでポイントとなる学習事項を理解できているかを確認できます。指定の語を用いて論述することで,表現力を養えるようにもなっています。
章末問題	各章の学習事項の最終確認ができます。標準問題より難易度の高い問題も掲載し,より実践的な問題へ対応できる力を養えるようにしました。
力だめし❶	大学入学共通テストレベルの問題です。ここまでで身についた知識を活かして,手応えのある問題に挑戦してみましょう。
WORD TRAINING	一問一答形式の問題で,重要用語の確認ができます。

- 基本問題,標準問題,章末問題には ヒント を設け,問題に取り組む際の指針を示しています。
- 知識・技能の育成に資する問題には, 知識 のマークを付し,思考力・判断力・表現力の育成に資する問題には, 思考 のマークを付し,利用しやすくしています。
- 実験・観察を扱った問題には 実験・観察,論述問題が含まれる問題には 論述,計算問題が含まれる問題には 計算 マークを付しています。
- すべての問題にチェック欄を設けています。到達度を記録しましょう。
  ◺…解けなかった問題　☒…少しひっかかった問題　■…全問理解できた問題
- 別冊の解答編では,すべての問題に 解説 を設け,解法や関連事項などを解説しています。

セルフチェック ☑ の使い方

巻頭に,学習の到達度をふり返るための **セルフチェック** ☑ を設けています。

- 各問題に設けているチェック欄と同じものを一覧にしています。問題を解くたびに記録して,自分の得意な分野,苦手な分野を明らかにしましょう。
- point で,それぞれのテーマでの重要な学習事項を理解できたか確かめましょう。
- note には,問題を解いていて理解できなかったことや生じた疑問をその都度書き出しましょう。理解できたり,疑問を解決できたりしたら,チェックを入れましょう。

利用例

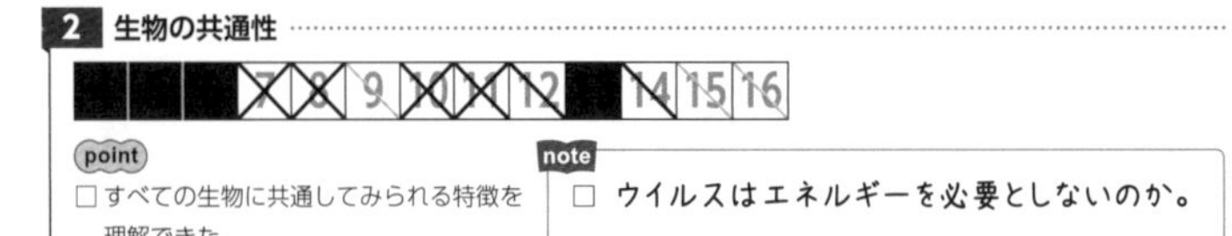

■学習支援サイト(プラスウェブ)のご案内

スマートフォンやタブレット端末などを使って,**セルフチェック** ☑ のデータをダウンロードできます。

https://dg-w.jp/b/d170001

[注意] コンテンツの利用に際しては,一般に,通信料が発生します。

目次

Progress

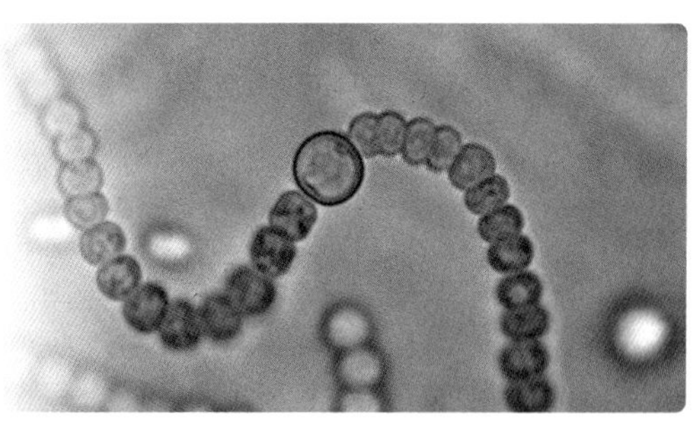

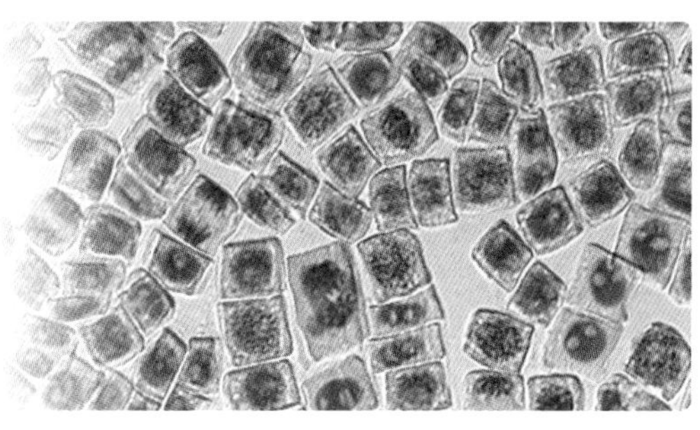

セルフチェック

Check

・塗りつぶしたチェック欄の少ないテーマが，苦手な分野です。
・note に記入した理解できなかった内容を理解できた，または，生じた疑問を解決できた場合には，チェックをいれましょう。

1 顕微鏡観察（p. 6〜7）

1	2	3

point
□ 顕微鏡の構造を理解できた。
□ 顕微鏡の使い方を理解できた。
□ ミクロメーターの使い方を理解できた。

note
□
□

第1章 生物の特徴

2 生物の共通性（p. 8〜13）

4	5	6	7	8	9	10	11	12	13	14	15	16

point
□ すべての生物に共通してみられる特徴を理解できた。
□ 生物間に共通してみられる特徴は，共通の祖先に由来することを理解できた。
□ 原核細胞と真核細胞の違いを理解できた。

note
□
□
□

3 生物とエネルギー（p. 14〜21）

17	18	19	20	21	22	23	24	25	26	27	28	29	30	31	32	33	34	35

point
□ 代謝の過程におけるエネルギーの移動は，ATP によって仲立ちされていることを理解できた。
□ ATP と光合成・呼吸の関係を理解できた。
□ 酵素の働きを理解できた。

note
□
□
□

4 第1章　章末問題（p. 22〜23）

36	37	38	力だめし1

note
□
□

第2章　遺伝子とその働き

5 遺伝子の本体と構造(p. 24〜29)

39 40 41 42 43 44 45 46 47 48 49

point

- □ DNA の構造の特徴を理解できた。
- □ DNA の複製のしくみを理解できた。
- □ 遺伝情報の分配のしくみを理解できた。

note

□

□

□

6 遺伝情報とタンパク質(p. 30〜37)

50 51 52 53 54 55 56 57 58 59 60 61 62 63 64 65 66 67

point

- □ RNA の構造の特徴を理解できた。
- □ DNA の塩基配列とタンパク質のアミノ酸配列の関係を理解できた。
- □ 転写・翻訳のしくみを理解できた。
- □ 細胞の分化と遺伝子の発現について理解できた。

note

□

□

□

7 第 2 章　章末問題(p. 38〜39)

68 69 70 力だめし2

note

□

□

第3章　ヒトのからだの調節

8 恒常性と神経系・内分泌系(p. 40〜45)

71 72 73 74 75 76 77 78 79 80 81 82

point

- □ 自律神経系による体内環境の調節のしくみを理解できた。
- □ 内分泌系による体内環境の調節のしくみを理解できた。
- □ 自律神経系と内分泌系の働き方の違いを理解できた。

note

□

□

□

9 体内環境の維持のしくみ(p. 46〜53)

83	84	85	86	87	88	89	90	91	92	93	94	95	96	97	98

point

- □ 自律神経系と内分泌系の働きによる血糖濃度の調節のしくみを理解できた。
- □ 糖尿病が起こるしくみを理解できた。
- □ 血液凝固のしくみを理解できた。

note

□

□

□

10 免疫(p. 54〜61)

99	100	101	102	103	104	105	106	107	108	109	110	111	112	113	114	115	116

point

- □ 自然免疫と獲得免疫によって病原体を排除するしくみを理解できた。
- □ 自然免疫と獲得免疫の特徴の違いを理解できた。
- □ 免疫の異常による疾患や，免疫のしくみを利用した医療について理解できた。

note

□

□

□

11 第 3 章　章末問題(p. 62〜63)

117	118	119	力だめし3

note

□

□

第4章 植生と遷移

12 植生と遷移(p. 64〜69)

120	121	122	123	124	125	126	127	128	129	130

point

- □ 森林・草原・荒原の特徴を理解できた。
- □ 植物の生育と，光環境の関係について理解できた。
- □ 植生の遷移が進む要因と，その過程を理解できた。

note

□

□

□

13 バイオーム(p. 70〜77)

131	132	133	134	135	136	137	138	139	140	141	142	143	144	145	146

point

□ バイオームの分布は，気温と降水量によって決まることを理解できた。

□ 世界と日本のバイオームの分布や気候，生育する植物の特徴を理解できた。

note

□

□

□

14 第 4 章　章末問題(p. 78〜79)

147	148	149	150
力だめし 4			

note

□

□

第5章　生態系とその保全

15 生態系と生物の多様性(p. 80〜83)

151	152	153	154	155	156	157	158

point

□ 生態系の成り立ちについて理解できた。

□ キーストーン種が生態系の種多様性に与える影響について理解できた。

□ 間接効果について理解できた。

note

□

□

□

16 生態系のバランスと保全(p. 84〜89)

159	160	161	162	163	164	165	166	167	168	169	170	171	172	173

point

□ 生態系は変動しつつもバランスが保たれているが，場合によっては，それが崩れて元の状態に戻らなくなることを理解できた。

□ 人間活動が生態系に与えている影響について理解できた。

note

□

□

□

17 第 5 章　章末問題(p. 90〜91)

174	175	176	力だめし 5

note

□

□

1 顕微鏡観察

学習日　1回目　／　2回目　／

学習のまとめ

✓ 1 顕微鏡を用いた観察

①顕微鏡を，直射日光の当たらない明るいところで水平な机の上に置く。

②先に([1]　　　　)をはめ，次に([2]　　　　)を取り付ける。

③反射鏡を光源の方に向け，接眼レンズをのぞきながら視野が最も([3]　　　　)くなるように調節する。

④試料が対物レンズの真下になるように([4]　　　　)をステージにのせる。

⑤対物レンズの先を横から見ながら([5]　　　　)を回し，対物レンズの先端とプレパラートを近づける。

⑥接眼レンズをのぞきながら([5]　　　　)を回して，対物レンズとプレパラートの間隔を([6]　　　　)ながらピントを合わせる。

⑦([7]　　　　)を調節して，像がはっきり見えるようにする。

⑧はじめは低倍率で観察し，必要に応じて([8]　　　　)を回して適当な倍率に変えて観察する。

◀光学顕微鏡の構造▶

低倍率と高倍率の違い

	視野の明るさ	視野の広さ	焦点深度※
高倍率	([9]　　)	([11]　　)	([13]　　)
低倍率	([10]　　)	([12]　　)	([14]　　)

※ピントの合う深さ

✓ 2 ミクロメーターによる長さの測定

①接眼レンズのなかに([15]　　　　)をセットする。

②ステージに([16]　　　　)を置き，これにピントを合わせる。

③両方のミクロメーターの目盛りが重なるところを２か所探し，２か所間の目盛りの数をもとに接眼ミクロメーター１目盛りの長さを計算する。対物ミクロメーター１目盛りの長さは，([17]　　　　)μm である。

$$\text{接眼ミクロメーター1目盛りの長さ}=\frac{(^{18}\qquad)\text{の目盛り数}\times 10(\mu m)}{(^{19}\qquad)\text{の目盛り数}}$$

④ステージから([16]　　　　)を取りはずし，プレパラートをステージにセットして，接眼ミクロメーター１目盛りの長さをもとに試料の長さを測定する。

解答

1：接眼レンズ　2：対物レンズ　3：明る　4：プレパラート　5：調節ねじ　6：広げ　7：しぼり　8：レボルバー
9：暗い　10：明るい　11：狭い　12：広い　13：浅い　14：深い　15：接眼ミクロメーター　16：対物ミクロメーター
17：10　18：対物ミクロメーター　19：接眼ミクロメーター

基本問題

知識

1. 顕微鏡の使い方 顕微鏡観察について，次の各問いに答えよ。

(1) 次の①～⑥を，正しい顕微鏡観察の手順となるように並べ替えよ。

① 低倍率の対物レンズでピントを合わせる。
② 顕微鏡に接眼レンズおよび対物レンズを取り付ける。
③ ステージにプレパラートをセットし，クリップでとめる。
④ 観察する部分を視野の中央に移動させ，観察する。
⑤ 反射鏡を光源に向け，視野が最も明るくなるように調節する。
⑥ レボルバーを回して高倍率の対物レンズに替え，ピントを合わせて観察する。

(2) スライドガラスに「あ」と書いてある場合，顕微鏡の視野ではどのように見えるか。次の①～④から1つ選べ。

① あ　② (図)　③ (図)　④ (図)

(3) 顕微鏡で観察した視野が右図のようになっている場合，視野の端にある「ア」を視野の中央に移動させるには，プレパラートをどの方向に動かせばよいか。次の①～④から1つ選べ。

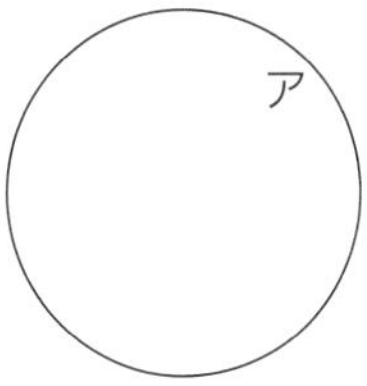

① ↙　② ↘　③ ↖　④ ↗

1.
(1)　→　→　→　→　→
(2)
(3)

知識

2. 顕微鏡の操作 次の①～⑤の文のうち，顕微鏡の操作方法として誤っているものを2つ選べ。

① 顕微鏡は直射日光の当たらない明るいところで，水平な机の上に置く。
② 高倍率で観察するときの反射鏡には，凹面鏡を使用する。
③ 低倍率から高倍率に変えると，視野は明るく，狭くなり，焦点深度は浅くなる。
④ 対物レンズの先端とプレパラートを近づけるときは，接眼レンズをのぞきながら調節ねじを回す。
⑤ しぼりを絞ると視野は暗くなるが，輪郭は明瞭になる。

2.

標準問題

知識　実験・観察　計算

3. ミクロメーターによる測定 光学顕微鏡で細胞を観察した。次の各問いに答えよ。

(1) 接眼ミクロメーターと対物ミクロメーターの目盛りが図Aのように重なったとき，接眼ミクロメーター1目盛りの長さを求めよ。

(2) 図Bの細胞の長さを求めよ。ただし，観察は(1)と同じ倍率で行った。

図A

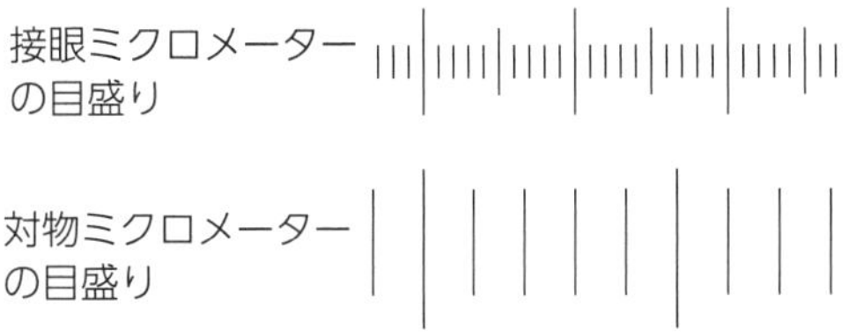

図B

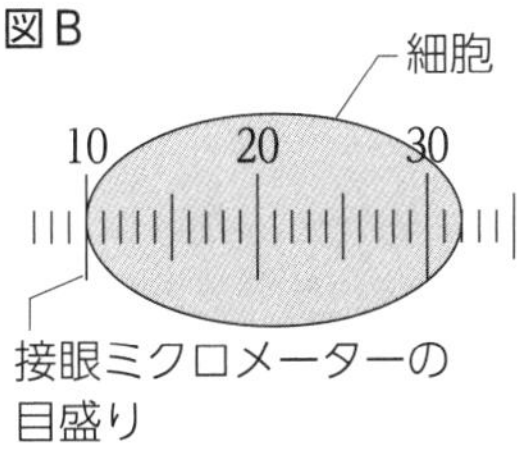

3.
(1)　µm
(2)　µm

ヒント
(2) 倍率が同じならば，接眼ミクロメーター1目盛り当たりの長さも同じになる。

2 生物の共通性

学習日	1回目	2回目
	／	／

学習のまとめ

1 生物の多様性と共通性

現在，地球上には，名前のつけられた（1　　　　　　）（生物を分類する際の基本単位のこと）が約190万種以上知られており，未だに発見されていないものも多数生息する。生物には**多様性**がみられるが，脊椎動物はすべて脊椎をもつなど，一部の生物間には（2　　　　　　）がみられる。

2 生物に共通する特徴

すべての生物は，次のような共通する特徴をもつ。

①からだが基本単位である（3　　　　　　）からなる。

②遺伝物質として（4　　　　　　）をもち，生殖によって子をつくる。

③生命活動のために，栄養分を分解して（5　　　　　　）を取り出し，活動する。

他にも，体内の状態を**一定の範囲内**に保つ性質や，**進化**するといった特徴がみられる。

3 生物の共通性の由来

進化を通じて，生物のからだの形や働きが，生活する環境に適するようになることを（6　　　　　　）という。生物の進化してきた道筋を（7　　　　　　）といい，この関係を樹形に表現した図を（8　　　　　　）という。現在みられるすべての生物に共通性がみられるのは，それらがすべての生物の（9　　　　　　）から進化してきたためと考えられている。

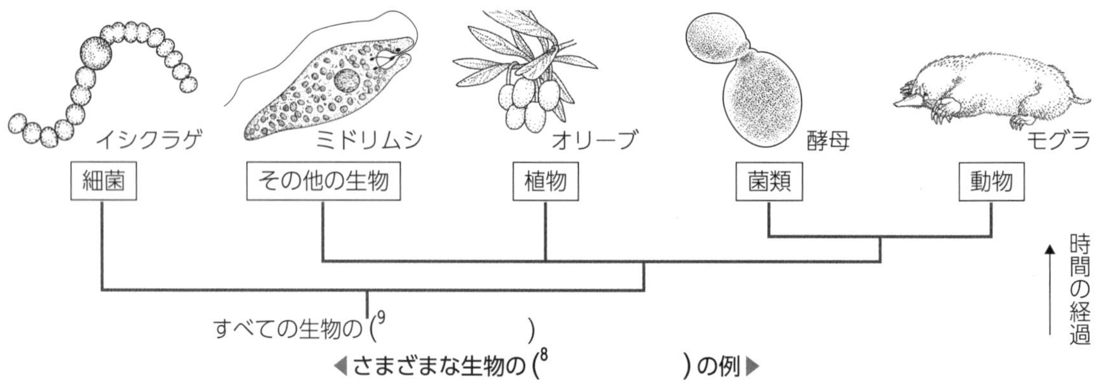

◀さまざまな生物の（8　　　　　　）の例▶

4 細胞構造と生物の共通祖先

すべての細胞は**細胞質**をもち，細胞の最外層にある（10　　　　　　）によって外部と仕切られている。また，細胞の内部には，DNAを含む（11　　　　　　）がみられ，細胞質は（12　　　　　　）と呼ばれる液状の成分で満たされている。

細胞には，核をもたない（13　　　　　　）と，核をもつ（14　　　　　　）がある。

❶原核細胞

原核細胞の染色体は，細胞質基質中に局在している。

原核細胞からなる生物は（15　　　　　　）と呼ばれ，大腸菌や乳酸菌，シアノバクテリアなどの（16　　　　　　）が含まれる。

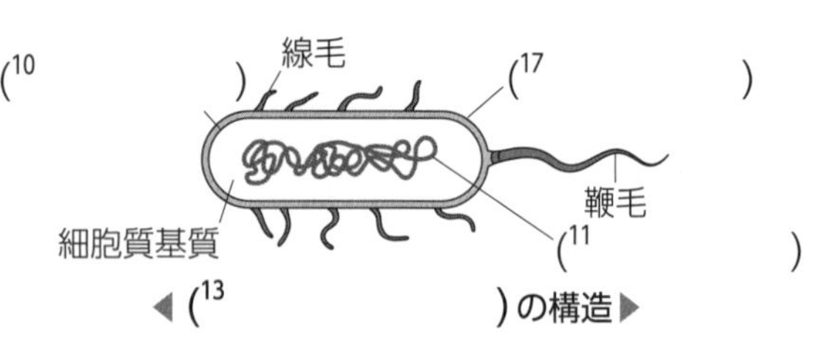

◀（13　　　　　　）の構造▶

❷真核細胞

真核細胞の染色体は，(18　　　　)の中に存在する。真核細胞の内部には，(18　　　　)やミトコンドリアなど，特定の働きをもつ(19　　　　)がみられる。

真核細胞からなる生物は(20　　　　)と呼ばれ，動物や植物，菌類などが含まれる。

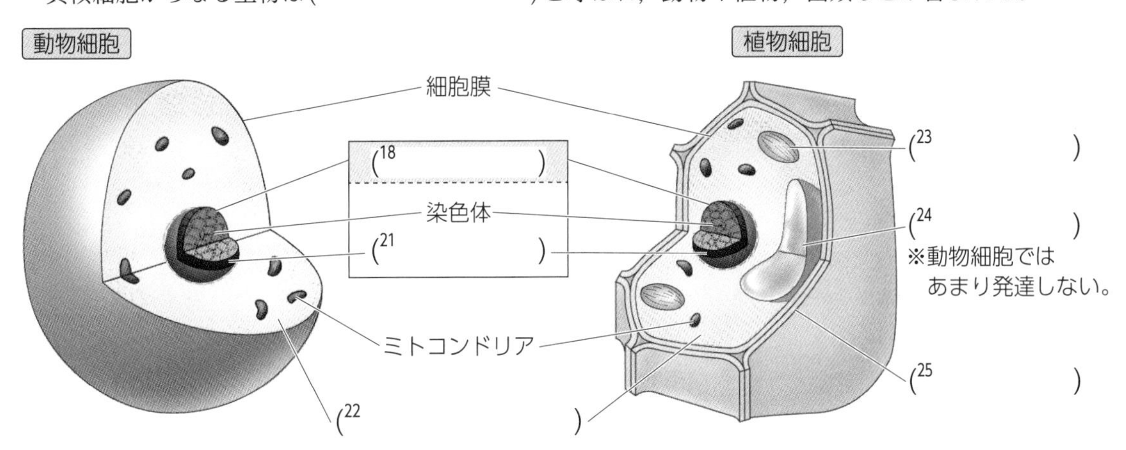

❸原核細胞と真核細胞の構造

	主な働き	原核細胞	真核生物	
			動物細胞	植物細胞
細胞膜	細胞内外への物質の運搬を行う。	＋	＋	＋
(22　　)	水やタンパク質を含み，さまざまな化学反応の場となる。	＋	＋	＋
染色体	遺伝子の本体であるDNAなどを保持する。	＋	＋	＋
(18　　)	染色体を含み，細胞の働きを調節する。最外層は(21　　　)となっている。	−	＋	＋
ミトコンドリア	(26　　　)の場となる。	−	＋	＋
(23　　)	光合成の場となる。	−	−	＋
(24　　)	物質の濃度調節や貯蔵を行う。	−	(＋)※	＋
(25　　)	細胞を強固にし，形を維持する。	＋	−	＋

＋：存在する　−：存在しない　※動物細胞ではあまり発達しない。

❹細胞構造と生物の共通祖先

真核細胞と原核細胞は，細胞からなる，遺伝物質としてDNAをもつなどの共通した特徴をもつ。一方，真核細胞は，原核細胞にはみられないミトコンドリアなどの(27　　　　)などをもつ。このことから，一部の(28　　　)生物が，進化の過程で，複雑な内部構造をもつようになり，(29　　　)生物が生じたと考えられている。

解答

1：種　2：共通性　3：細胞　4：DNA　5：エネルギー　6：適応　7：系統　8：系統樹　9：共通祖先　10：細胞膜　11：染色体　12：細胞質基質　13：原核細胞　14：真核細胞　15：原核生物　16：細菌　17：細胞壁　18：核　19：細胞小器官　20：真核生物　21：核膜　22：細胞質基質　23：葉緑体　24：液胞　25：細胞壁　26：呼吸　27：細胞小器官　28：原核　29：真核

基本問題

知識

4. 生物の多様性　生物の多様性について述べた次の①～④の文のうち，正しいものを1つ選べ。

① 他の生物と共通した特徴を一切もたない生物も存在する。
② 名前のつけられている生物種のうち，もっとも多いのは植物である。
③ これ以上新たな種が発見されることはないと考えられている。
④ 異なる環境には，一般に，それぞれの生活環境に適した異なる特徴をもつ生物がみられる。

知識

5. 生物の共通性　次の①～④の文のうち，生物に共通する特徴として誤っているものを1つ選べ。

① からだが，基本単位である細胞からなる。
② 多数の細胞からなる。
③ その種の遺伝情報を含むDNAをもつ。
④ 体内で物質を分解し，エネルギーを取り出す。

知識

6. 生物の多様性の起源　次の文章は，共通の祖先から現在みられるさまざまな生物が生じたしくみについて述べたものである。文章中の空欄(　ア　)～(　エ　)に当てはまる語を，下の[語群]からそれぞれ選べ。

すべての生物の共通祖先は，現在の(　ア　)のようなものであったと考えられる。その後，(　イ　)の結果，さまざまな環境に(　ウ　)した多様な(　エ　)をもつ生物が誕生したと考えられている。

[語群]　細菌　菌類　形質　進化　適応

ヒント
菌類は真核生物であり，キノコやカビ，酵母などが含まれる。

知識

7. 生物の系統　下図は脊椎動物の系統関係を樹木の形に示したものである。これについて，次の各問いに答えよ。

(1) 下線部のような図の名称を答えよ。

(2) 図中の①～④に当てはまる脊椎動物のグループを次のア～エから選べ。
ア．哺乳類　イ．両生類
ウ．魚類　エ．ハ虫類・鳥類

(3) 図中の脊椎動物のグループ①，②に共通してみられる特徴として当てはまらないものを，次のa～dから1つ選べ。
a．脊椎をもつ　b．生涯を通じて肺呼吸を行う
c．四肢をもつ　d．胎生である

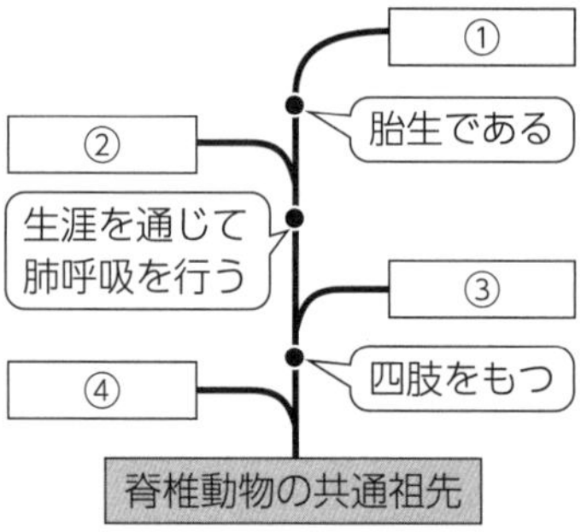

①
胎生である
②
生涯を通じて肺呼吸を行う
③
四肢をもつ
④
脊椎動物の共通祖先

知識

8. ウイルス　ウイルスがもつ，生物と共通する特徴として正しいものを次の①～④から1つ選べ。

① タンパク質などでできた殻をもち，細胞構造をもっている。
② 自らの体内で化学反応を行い，生命活動のエネルギーを得ている。
③ 遺伝物質をもち，これを複製することによって増殖する。
④ 自ら分裂して自己と同じ特徴をもつ個体をつくる。

4.
5.
6. ア イ ウ エ
7. (1) (2)① ② ③ ④ (3)
8.

□知識
9. 原核細胞と真核細胞の構造
次のA～Fは，細胞の特徴について述べた文である。それぞれ，原核細胞，真核細胞または両方の細胞のどれについて述べたものか。下の①～⑤のうち，正しい組み合わせを1つ選べ。

A．細胞膜によって外部と仕切られている。
B．核をもち，染色体はその内部に存在する。
C．葉緑体やミトコンドリアなどの細胞小器官がみられず，細胞が小さい。
D．核が存在せず，染色体が細胞質基質中に存在している。
E．細胞質基質が存在し，そこでさまざまな化学反応を行う。
F．葉緑体やミトコンドリアなどの細胞小器官をもつ。

	原核細胞	真核細胞	両方の細胞
①	E	B，C，F	A，D
②	B，C，D	E	A，F
③	C，D	B，F	A，E
④	C	A，E	B，D，F
⑤	F	A，B，C	D，E

□知識
10. 細胞の構造
次のア～エの文は，それぞれどの細胞構造について述べているか。正しいものを下の①～④から選べ。また，原核細胞にみられる構造を①～④から選べ。

ア．細胞の形や構造の維持に働く。
イ．染色体を含み，細胞の働きを調節する。
ウ．植物細胞のみにみられ，光合成の場となる。
エ．細胞の内外を仕切り，物質の運搬を行う。

① 核　② 葉緑体　③ 細胞壁　④ 細胞膜

□知識
11. 細胞の研究史
次の文章について，下の各問いに答えよ。

細胞は，1665年，(　ア　)がコルクの薄片を顕微鏡で観察した際に発見された。その数年後，生きた細胞が(　イ　)によってはじめて観察された。

その後，1838年に(　ウ　)が植物について，1839年に(　エ　)が動物について，「生物のからだは細胞からできている」とする説を提唱した。その後，(　オ　)が「すべての細胞は細胞から生じる」という考え方を提唱した。

(1) 文章中の空欄ア～オに適する人物名を次の①～⑤からそれぞれ選べ。
① フィルヒョー　② レーウェンフック　③ フック
④ シュライデン　⑤ シュワン

(2) 下線部の考え方を何というか。

□知識
12. 細胞の大きさ
細胞などの大きさについて，次の各問いに答えよ。

(1) 次のA～Eを小さい順に並べたときに，2番目に小さい構造を選べ。
A．インフルエンザウイルス　B．大腸菌　C．ニワトリの卵(卵黄)
D．アフリカツメガエルの卵　E．ヒトの赤血球

(2) (1)のA～Eの構造のうち，光学顕微鏡で観察することができて，肉眼で観察できない構造を2つ選べ。

9. ______

10.
ア ____ イ ____
ウ ____ エ ____
原核細胞にみられる構造 ____

11.
(1)ア ____
イ ____
ウ ____
エ ____
オ ____
(2) ____

12.
(1) ____
(2) ____

ヒント
(2) ウイルスは，電子顕微鏡を用いないと観察できない。

思考

13. **生物の共通性**　生物の共通性に関する次の文章を読み，下の各問いに答えよ。

現在の地球には，a 進化を通じてからだの特徴が自身の生活する環境に適するようになるなどした結果，多様な生物が存在している。一方で，地球上に存在するすべての生物は b 共通の祖先から進化したため，生物には共通する特徴がみられる。

(1) 下線部aのことを何というか。

(2) 下線部bについて，すべての生物の共通祖先について述べた文として最も適当なものを，次の①～④のうちから1つ選べ。

① 核をもち，その内部に遺伝物質としてDNAをもっていた。

② 細胞内部で物質を分解し，エネルギーを得ていた。

③ 異なる役割をもった多数の細胞から構成されていた。

④ 現在のウイルスのような構造だった。

(3) 右図は脊椎動物の進化の過程を表している。次の1，2にそれぞれ答えよ。

1．生物が進化してきた道筋を何というか。

2．右図中の種Cと種Eに共通する特徴を図中のⓐ～ⓓからすべて選べ。

時間の経過 →
共通祖先
種A
種B
種C
種D
種E
ⓓ 脊椎をもつものが現れた
ⓒ 四肢をもつものが現れた
ⓑ 生涯を通じて肺呼吸を行うものが現れた
ⓐ 胎生のものが現れた

13.

(1)

(2)

(3) 1

2

ヒント
(3) 2．種Cと種Eに共通する祖先生物がもっていた特徴を考える。

思考 論述

14. **原核細胞と真核細胞**　授業で次のA～Dの細胞を観察することになった。また，右図はある細胞の模式図である。これについて，2人の生徒が会話をしている。下の各問いに答えよ。

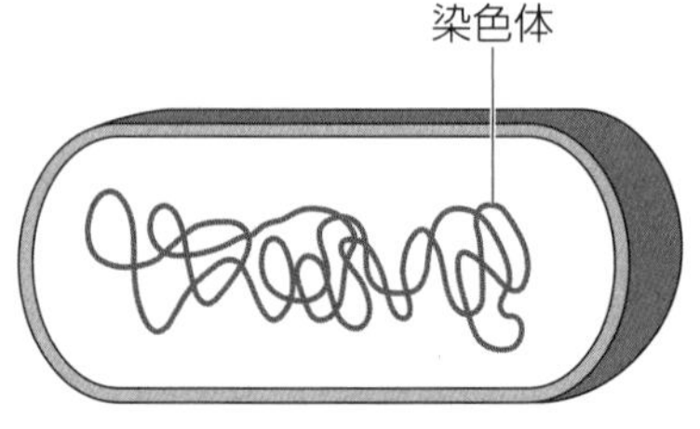

A．大腸菌　　B．オオカナダモ　　C．酵母　　D．ヒトの肝臓

たくと：観察する細胞のうち，図と同様の細胞はどれだろう。

ひかる：この図は(　①　)細胞の模式図ね。A～Dの細胞のうち，この細胞は(　a　)の細胞だけだと思うわ。

たくと：僕もそう思うよ。ということは，それ以外の細胞は，細胞内にさまざまな細胞小器官が存在するはずだね。

ひかる：そうね。特に(　b　)の細胞では緑色の細胞小器官である(　②　)が観察できるかもね。楽しみだわ。

(1) 会話文中の空欄①，②に入る語を答えよ。

(2) 会話文中のa，bに適する観察材料をA～Dからそれぞれ選べ。

(3) 下線部について，図からこのように推測した理由を簡潔に述べよ。

(4) A～Dの細胞に共通する構造を次の[語群]からすべて選べ。

[語群]　細胞膜　　核　　細胞質基質　　ミトコンドリア
　　　　染色体　　細胞壁

14.

(1) ①

②

(2) a

b

(3)

(4)

ヒント
(2) 酵母は菌類，オオカナダモは川や池に生育する植物である。

知識

15. 真核細胞の構造と働き

植物細胞の構造を模式的に示した下図について，次の各問いに答えよ。

(1) 図中ア～キの名称をそれぞれ答えよ。

(2) ア～キのうち，動物細胞にはみられない構造を2つ選べ。

(3) 次の①～⑥の文は，図のア～キのどれについて説明したものか。それぞれ1つずつ選べ。

① 水やタンパク質を含み，さまざまな化学反応の場となる液状成分。

② 呼吸を行う場となり，生命活動に必要なエネルギーを取り出す。

③ 染色体を含み，細胞の働きや構造を調節する。

④ 物質の濃度調節や貯蔵に関係する。

⑤ 細胞質の最外層の膜で，細胞内外への物質の運搬を行う。

⑥ 光合成の場となる。

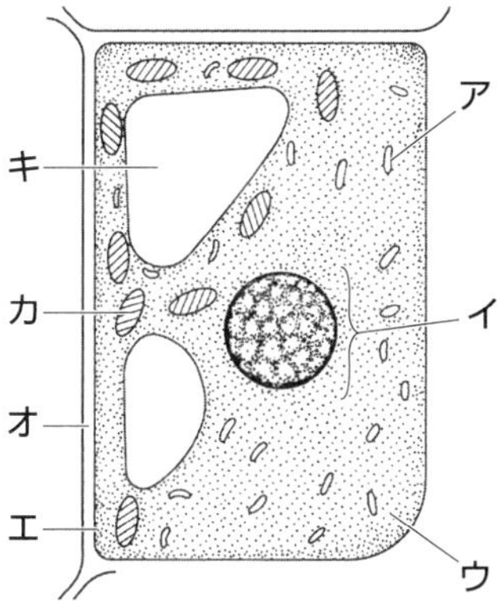

知識　実験・観察

16. DNAの抽出

植物のブロッコリーを用いて，DNAの抽出実験を次のような手順で行った。これについて，下の各問いに答えよ。

① ブロッコリーの茎を除いて，花のつぼみの部分を切り取って乳鉢に入れ，食塩水を加えてすりつぶす。

② ①に，台所用合成洗剤および食塩水を加え軽く混ぜ，ガーゼを使ってビーカーにろ過する。

③ ろ液に，氷冷した(　　　)を加え，繊維状のDNAを抽出する。

(1) 文章中の空欄に入る試薬を，次のア～ウから選べ。

ア．酢酸オルセイン溶液　　イ．塩酸　　ウ．エタノール

(2) DNAの抽出実験の材料として，**適当でないもの**を次のア～オから2つ選べ。

ア．ニワトリの卵　　イ．ブタの肝臓　　ウ．ヒトの毛髪
エ．サケの精巣　　オ．ホウレンソウの葉

15.

(1)ア
イ
ウ
エ
オ
カ
キ

(2)

(3)①　　②
③　　④
⑤　　⑥

ヒント
(1) 葉緑体は，ミトコンドリアより大きい細胞小器官である。

16.

(1)

(2)

ヒント
(2) DNAの抽出に適した材料の条件として，核が存在すること，細胞数が多いことなどが挙げられる。

リフレクション　Reflection

次の2つの問いについて，それぞれ[　]内の語を用いて答えよ。

❶ すべての生物に共通性がみられる理由を説明せよ。　[共通の祖先，進化]

➡ 書けなかったら… 5，6，13 へ

❷ 真核細胞に特徴的な構造について説明せよ。　[染色体，細胞小器官]

➡ 書けなかったら… 9，14，15 へ

2つとも答えられたら次のテーマへ！

3 生物とエネルギー

学習日	1回目	2回目
	／	／

学習のまとめ

1 代謝

生物の体内では，常に物質を合成したり分解したりする化学反応が起こっている。この化学反応全体をまとめて**代謝**という。代謝は反応の特徴から，次のように分けられる。

代謝
- (1　　　　　)…単純な物質から，複雑な物質を合成する過程。
  エネルギーの(2　　　　　)を伴う。代表例：(3　　　　　)
- (4　　　　　)…複雑な物質を単純な物質に分解する過程。
  エネルギーの(5　　　　　)を伴う。代表例：(6　　　　　)

植物などのように，外界から取り入れた無機物から有機物を合成して生活している生物を(7　　　　　)という。一方，菌類や動物のように，(7　　　　　)が合成した有機物を直接または間接的に取り入れて生活している生物を(8　　　　　)という。

2 ATP の構造とその働き

代謝では，(9　　　　　)が，エネルギーが出入りする際の仲立ちとなっている。

ATP は塩基の一種であるアデニンと糖の一種であるリボースが結合した(10　　　　　)という構造に3分子の(11　　　　　)が結合した化合物である。(11　　　　　)どうしの結合は，(12　　　　　)と呼ばれる。ATP は，末端のリン酸が切り離されると(13　　　　　)とリン酸に分解される。このとき，エネルギーが(14　　　　　)される。また，ADP とリン酸から ATP が合成されるときにはエネルギーが(15　　　　　)される。

ATP はその働きから，生体内でのエネルギーの通貨とも呼ばれる。

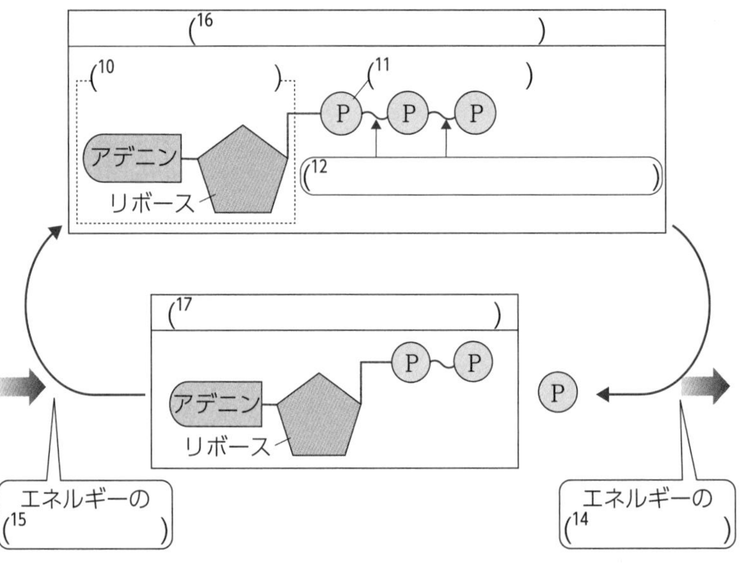

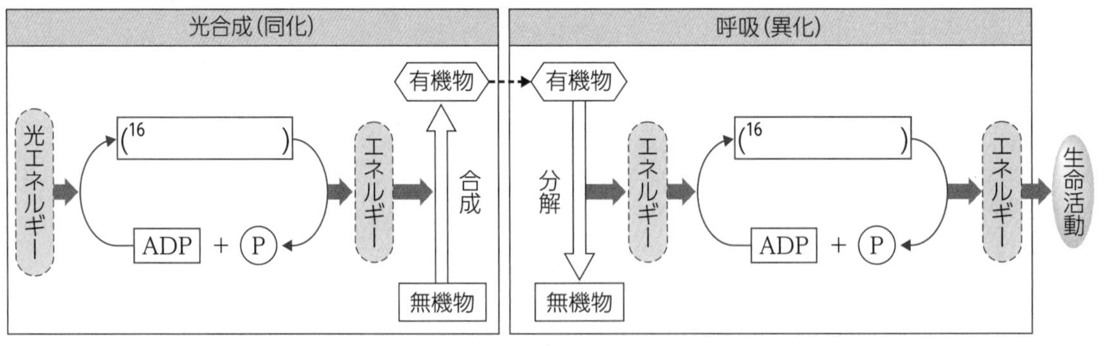

3 光合成

(^{18}　　　　)…生物が二酸化炭素を吸収して有機物を合成する反応。

(^{19}　　　　)…(^{18}　　　　)のうち**光エネルギー**を用いて行う反応。
細胞小器官である(^{20}　　　　)で行われる。

(^{19}　　　　)の過程

水 ＋ (^{21}　　　　) ⟶ 有機物 ＋ 酸素
H_2O　CO_2　$C_6H_{12}O_6$　O_2
(^{22}　　　　)

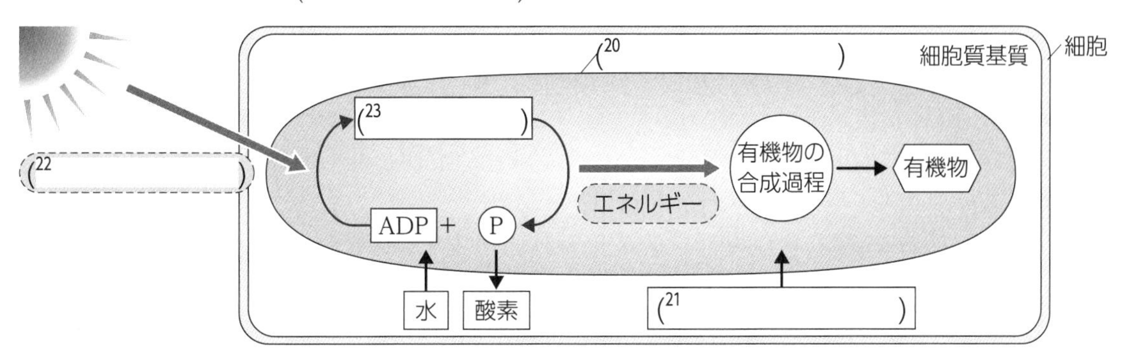

4 呼吸

(^{24}　　　　)…酸素を用いて有機物を分解し，放出されるエネルギーで(^{25}　　　　)を合成する反応。細胞小器官である(^{26}　　　　)が，(^{24}　　　　)の場として重要な役割を担う。

(^{24}　　　　)の過程(グルコースが分解された場合)

グルコース ＋ 酸素 ⟶ 水 ＋ (^{21}　　　　)
$C_6H_{12}O_6$　O_2　H_2O　CO_2
(^{25}　　　　)(エネルギー)

5 代謝と酵素

代謝は，(^{27}　　　　)が生体内で**触媒**として働き，さまざまな化学反応を促進することによって円滑に進められている。(^{27}　　　　)は(^{28}　　　　)を主成分とする物質である。

・酵素が作用する物質を(^{29}　　　　)という。酵素は，特定の物質のみに特異的に作用し，この性質を(^{30}　　　　)という。

・酵素自体は反応の前後で変化しないので**くり返し基質へ作用し続ける**。

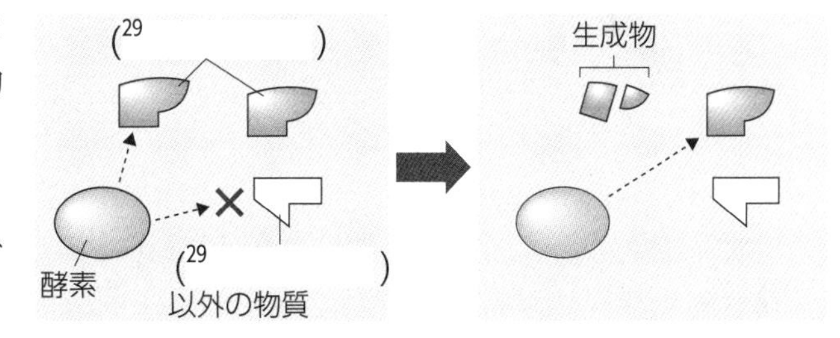

解答

1：同化　2：吸収　3：光合成　4：異化　5：放出　6：呼吸　7：独立栄養生物　8：従属栄養生物
9：ATP(アデノシン三リン酸)　10：アデノシン　11：リン酸　12：高エネルギーリン酸結合　13：ADP(アデノシン二リン酸)
14：放出　15：吸収　16：ATP(アデノシン三リン酸)　17：ADP(アデノシン二リン酸)　18：炭酸同化　19：光合成
20：葉緑体　21：二酸化炭素　22：光エネルギー　23：ATP(アデノシン三リン酸)　24：呼吸　25：ATP(アデノシン三リン酸)
26：ミトコンドリア　27：酵素　28：タンパク質　29：基質　30：基質特異性

基本問題

知識

17. 代謝 次の文章中の空欄a～gに当てはまる語を下の①～⑩からそれぞれ選べ。

生体内では，常に物質が合成されたり分解されたりする化学反応が行われている。この化学反応全体をまとめて[a]という。そのうち，エネルギーの[b]を伴い，単純な物質から複雑な物質が合成される反応を[c]と呼び，代表的な例として[d]が挙げられる。一方，複雑な物質をより単純な物質へと分解し，エネルギーの[e]を伴う反応を[f]と呼ぶ。代表的な例として[g]が挙げられる。

① 吸収　② 放出　③ 代謝　④ 異化　⑤ 触媒
⑥ 消化　⑦ 同化　⑧ 光合成　⑨ 呼吸　⑩ 摂食

17.
a
b
c
d
e
f
g

知識

18. 同化と異化 次の(1)～(8)について，同化の特徴には①，異化の特徴には②，両方に共通する特徴には③の記号をそれぞれ記せ。

(1) 一般に，単純な物質から有機物などの複雑な物質が合成される。
(2) 酵素が触媒として働く反応がみられる。
(3) エネルギーを吸収して進む反応である。
(4) エネルギーを放出して進む反応である。
(5) 代表的な反応として，呼吸が挙げられる。
(6) 代表的な反応として，光合成が挙げられる。
(7) 独立栄養生物が行う。
(8) 従属栄養生物が行う。

18.
(1)　(2)
(3)　(4)
(5)　(6)
(7)　(8)

知識

19. 独立栄養生物と従属栄養生物 下図は，独立栄養生物と従属栄養生物の代謝を模式的に示したものである。これについて，下の各問いに答えよ。

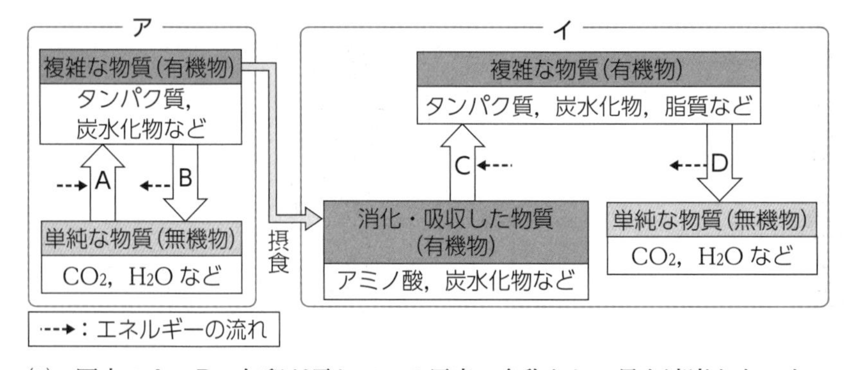

(1) 図中のA～Dの矢印が示している反応の名称として最も適当なものを，次の[語群]から選べ。ただし，同じ語を何度選んでもよい。

[語群]　複製　同化　異化　触媒

(2) 図について述べた次の文章中の空欄1～4に当てはまる語を答えよ。

図中のアは(　1　)生物でみられる反応で，Aの反応で，外界から取り入れた無機物から(　2　)を合成して生活している。イは(　3　)生物でみられる反応であり，(　1　)生物の合成した有機物を直接または間接的に取り入れて生活している。どちらの生物も，BとDの反応で生じたエネルギーを(　4　)活動に利用している。

19.
(1) A
B
C
D
(2) 1
2
3
4

知識

20. 代謝とエネルギー　植物におけるエネルギーの流れについて述べた次の文章と，植物におけるエネルギーの流れを模式的に示した下図中の空欄ア，イに共通して当てはまる語を，下の[語群]からそれぞれ選べ。

光合成では，(　ア　)エネルギーを利用して有機物がつくられる。これにより，太陽の(　ア　)エネルギーに由来するエネルギーは，有機物の(　イ　)エネルギーとして貯えられる。このエネルギーは，異化に伴って放出され，さまざまな生命活動に用いられている。

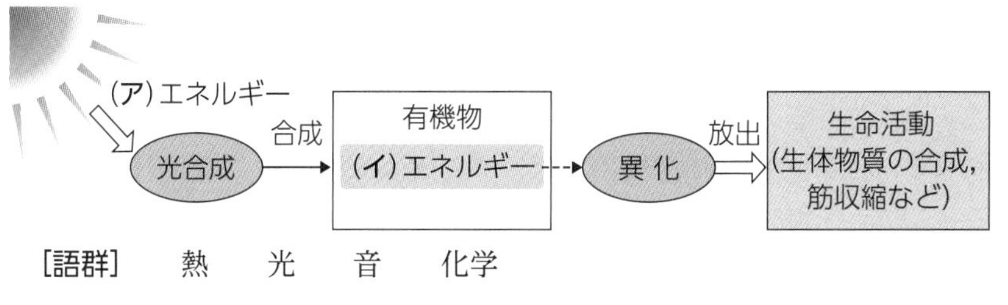

[語群]　熱　光　音　化学

知識

21. 代謝とATP　独立栄養生物の代謝を模式的に示した下図中の1～6に適する語を下の[語群]から選べ。ただし，同じものを何度選んでもよい。

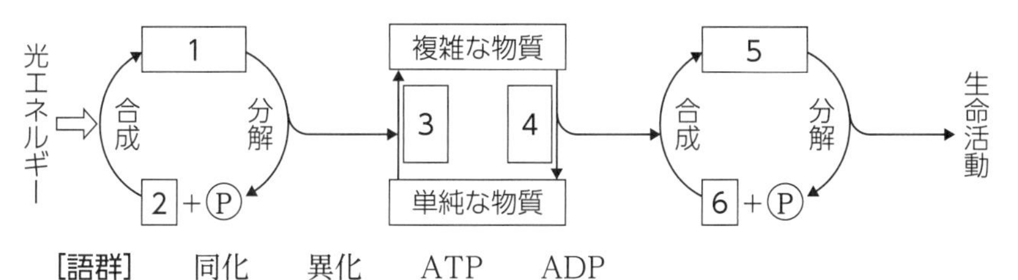

[語群]　同化　異化　ATP　ADP

知識

22. ATPの構造　下図は，ATPとADPの構造を模式的に示したものである。これについて，下の各問いに答えよ。

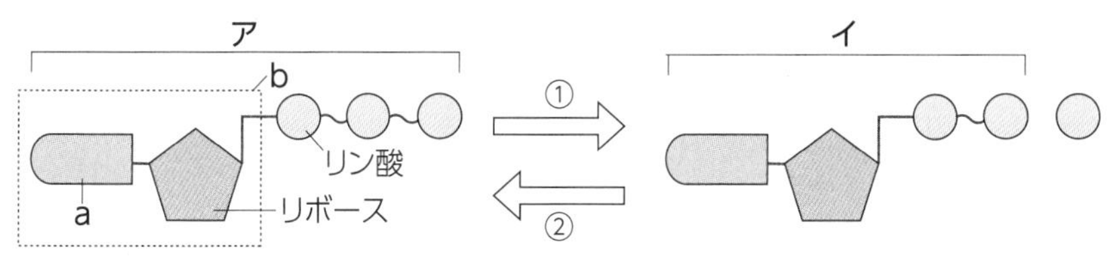

(1)　図中のア，イは，それぞれATPとADPのどちらか。

(2)　図中のa，bの名称を，それぞれ答えよ。

(3)　エネルギーが吸収されるのは，①，②の反応のどちらか。

(4)　エネルギーが放出されるのは，①，②の反応のどちらか。

知識

23. 光合成と呼吸　次の①～⑤の文のうち，光合成に関するものと呼吸に関するものをそれぞれ選べ。ただし，同じ番号を何度選んでも良い。

① 光エネルギーによって合成したATPを用いて有機物を合成する。
② 有機物を分解するときに放出されるエネルギーを利用して，生命活動に必要なATPを合成する。
③ 反応には，酵素が触媒として関わっている。
④ 光エネルギーを用いて行う炭酸同化である。
⑤ 異化の1つである。

20.
ア
イ

21.
1
2
3
4
5
6

ヒント
単純な物質から複雑な物質を合成する反応が同化で，逆向きの反応が異化である。

22.
(1) ア
イ
(2) a
b
(3)
(4)

23.
光合成
呼　吸

📖知識

☐ **24.** **光合成** 下図は，光合成の反応を模式的に示したものである。

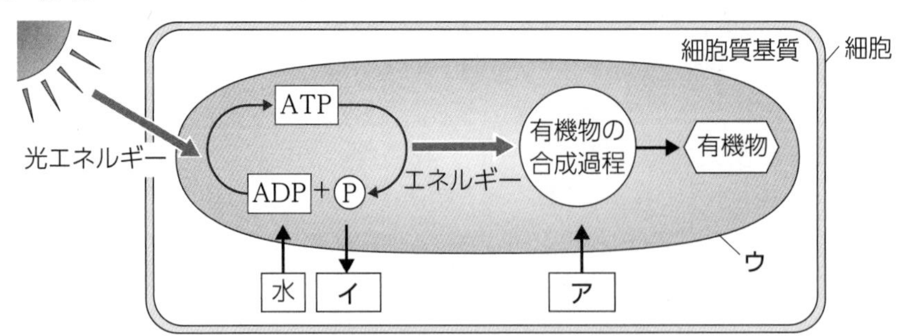

(1) 図中のア，イに当てはまる物質として適当なものを，下の[語群]からそれぞれ選べ。ただし，次に示す光合成の反応過程中の空欄ア，イと共通の物質が当てはまる。

（ ア ）＋ 水 ＋ 光エネルギー → 有機物 ＋（ イ ）

[語群] 水素 二酸化炭素 窒素 酸素

(2) 図中のウで示した，光合成の場となる細胞小器官の名称を答えよ。

24.
(1) ア ____
イ ____
(2) ____

📖知識

☐ **25.** **呼吸** 下図は，呼吸の反応を模式的に示したものである。

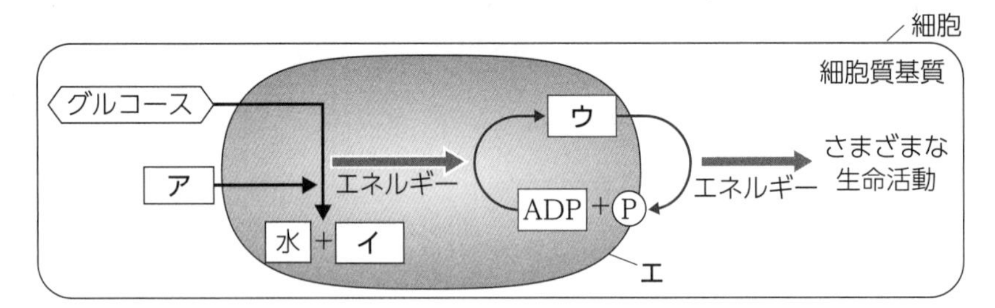

(1) 図中のア～ウに当てはまる物質として適当なものを，下の[語群]からそれぞれ選べ。ただし，次に示す呼吸の反応過程中の空欄ア～ウと共通の語が当てはまる。

グルコース ＋（ ア ）→（ イ ）＋ 水 ＋（ ウ ）

[語群] 水素 二酸化炭素 窒素 酸素 ATP ADP

(2) 図中のエで示した，呼吸の場となる細胞小器官の名称を答えよ。

25.
(1) ア ____
イ ____
ウ ____
(2) ____

📖知識

☐ **26.** **呼吸と燃焼** 呼吸と燃焼の違いについてまとめた次の表中の空欄ア～クに当てはまる語として最も適当なものを，下の[語群]から選べ。

共通点	・（ ア ）が酸素と結合して二酸化炭素と水になる。 ・反応に伴って（ イ ）が放出される。
燃 焼	・（ ア ）と酸素が直接結合して（ ウ ）に反応が進み，（ イ ）は熱や光として（ エ ）放出される。
呼 吸	・（ ア ）は（ オ ）によって（ カ ）に分解され，（ ア ）のもつ（ イ ）は（ キ ）取り出されて（ ク ）の合成に利用される。

[語群] 有機物 無機物 酵素 リン酸 ATP
徐々に 一度に 急激 段階的 エネルギー

26.
ア ____
イ ____
ウ ____
エ ____
オ ____
カ ____
キ ____
ク ____

□ **27. 過酸化水素の分解** 次の文章中の空欄a～fに当てはまる語を下の①～⑩から選べ。（知識）

過酸化水素は，室内に放置すると[a]分解する。しかし，これに酸化マンガン(Ⅳ)を加えると，[b]分解して[c]を発生する。これは，酸化マンガン(Ⅳ)が[d]として働き，過酸化水素の分解を[e]するからである。一方，傷口に薬用の過酸化水素水をつけると，[c]の気泡が出る。これは，細胞内に含まれている[f]という酵素が，酸化マンガン(Ⅳ)と同じように[d]として働いたからである。

① 盛んに　② 非常にゆっくり　③ 溶媒　④ 触媒
⑤ カタラーゼ　⑥ アミラーゼ　⑦ 促進　⑧ 抑制
⑨ 酸素　⑩ 水素

27.
a ＿＿ b ＿＿
c ＿＿ d ＿＿
e ＿＿ f ＿＿

□ **28. 酵素の働き** 酵素の働きを述べた次の文章中の空欄(ア)～(エ)に当てはまる語を，下の[語群]からそれぞれ選べ。（知識）

酵素は(ア)を主成分とする物質で，(イ)として働き，化学反応を促進する。生体内で起きる化学反応全体である(ウ)が円滑に進められるのは，酵素が働いているためである。また，多くの酵素は，細胞内の特定の場所に存在しており，特定の化学反応を促進している。たとえば，ミトコンドリアには(エ)にかかわる酵素が多数存在している。

[語群]　炭水化物　脂質　タンパク質　燃焼　代謝
　　　　光合成　呼吸　触媒

28.
ア ＿＿
イ ＿＿
ウ ＿＿
エ ＿＿

□ **29. 酵素の特徴** 下図A，Bは酵素の反応を模式的に示している。（知識）

図A

図B

(1) 図Aのように，酵素は特定の物質にのみ作用する。このような性質の名称を答えよ。

(2) 図Bについて述べた次の文中の空欄(ア)～(ウ)に当てはまる語を下の[語群]から選べ。

酵素は(ア)であるため，基質に作用した後，酵素自体が変化(イ)。そのため，1つの酵素は(ウ)基質へ作用し続けられる。

[語群]　触媒　溶媒　する　しない　一度だけ　くり返し

29.
(1) ＿＿
(2) ア ＿＿
イ ＿＿
ウ ＿＿

□ **30. 酵素** 次の文のうち，酵素の性質として正しいものをすべて選べ。（知識）

① 無機物の酸化マンガン(Ⅳ)も，触媒作用をもつため酵素である。
② 酵素は，触媒として働いてもそれ自体は消費されない。
③ 酵素は，一度作用すると壊れてしまう。
④ 酵素は，種類によって触媒として働く反応が決まっている。
⑤ すべての酵素は，細胞内に均一に分布している。
⑥ ふつう，代謝はいくつかの反応が組み合わさって進むが，それらすべての反応には共通する1種類の酵素が関わっている。

30. ＿＿

標準問題

📖知識

31. ATPの構造 下図は，ATPの構造を模式的に示したものである。これについて，下の各問いに答えよ。

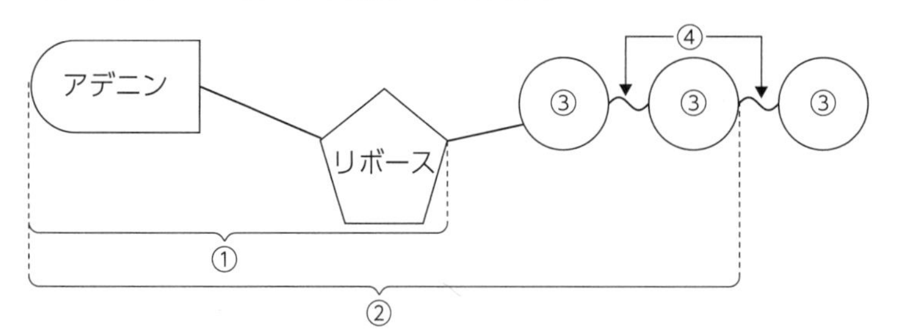

(1) 図中の①～③の名称を答えよ。

(2) 図の④の結合を何と呼ぶか。名称を答えよ。

(3) ATPのような③・糖・塩基が結合した物質を総称して何と呼ぶか。

思考 計算 論述

32. ATPと生命活動 一般に，ヒトの場合では，1日に細胞1個当たり約0.83ngのATPが使用されていると考えられている。1ng＝0.001μg＝0.000001mgとして，次の各問いに答えよ。

(1) 1人のヒトのからだが仮に約40兆個の細胞からできているとすると，1日にヒト1人当たり何kgのATPを消費することになるか。

(2) 細胞内にはふつう，1個当たり0.00084ngのATPしか存在せず，これは，1日に細胞1個が使用する量に比べてごく微量にすぎない。それにもかかわらず，細胞の生命活動が停止することはない理由を簡単に述べよ。

📖知識

33. 光合成と呼吸の反応 下図は，光合成と呼吸の反応をまとめたものである。図中A，Bの矢印は，それぞれ光合成か呼吸のいずれかの反応を示している。これについて，下の各問いに答えよ。

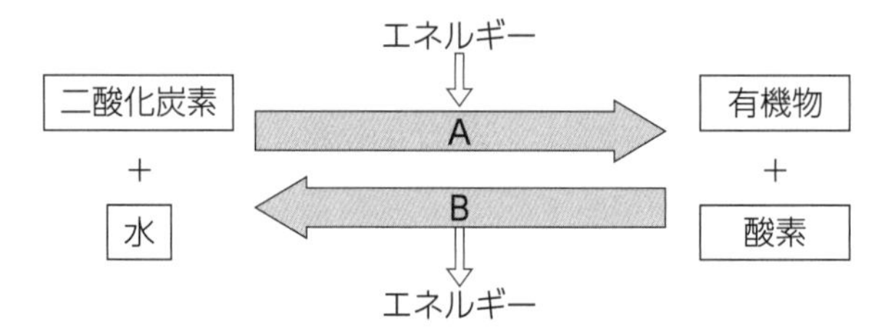

(1) A，Bの矢印が示す反応は，それぞれ光合成と呼吸のどちらか。

(2) ①Aの矢印の反応で，外界から吸収するエネルギーと②Bの矢印の反応で分解される前の有機物に貯えられていたエネルギーは何エネルギーか。次の[語群1]からそれぞれ1つずつ選べ。

[語群1]　化学エネルギー　熱エネルギー　光エネルギー

(3) Aの矢印の反応で外界から得たエネルギーと，Bの矢印の反応で有機物を分解して得られたエネルギーは，何の合成に用いられるか。最も適するものを，次の[語群2]から1つ選べ。

[語群2]　リン酸　ATP　グルコース

(4) A，Bの反応の場となる細胞小器官を，1つずつ答えよ。

31.

(1)①

②

③

(2)

(3)

ヒント
(1) ②の物質は，ATPから③が1分子とれたものである。

32.

(1)

(2)

ヒント
(1) 1mg＝0.001g＝0.000001kgとなる。

33.

(1) A

B

(2)①

②

(3)

(4) A

B

ヒント
(3) 外界からのエネルギーや有機物の分解によって生じるエネルギーは，まず，代謝に伴うエネルギーの受け渡しを行う物質の合成に用いられる。

思考　実験・観察

34. **緑葉による光合成**　植物の緑葉を用いて次のような実験を行った。これについて，下の各問いに答えよ。

【実験】　右図のような2本の呼気を吹き込んだ試験管ア，イを用意し，それぞれに日光を当てて静置して，BTB溶液の色の変化を確認した。

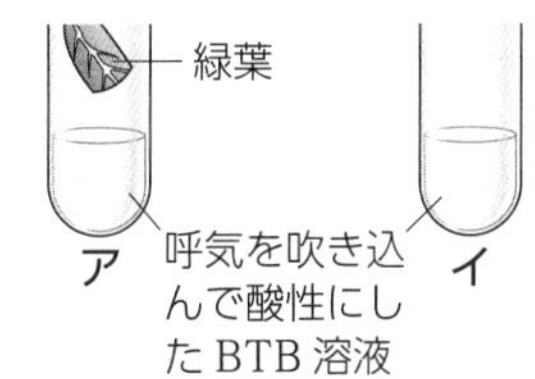

(1)　呼気を吹き込んで酸性にしたBTB溶液は何色を呈するか答えよ。

(2)　白熱灯の光を当てて静置した際，BTB溶液の色が緑色に変化した試験管を選べ。また，この試験管で色が変化した理由を述べた次の文中の空欄（　A　）～（　C　）に当てはまる語をそれぞれ答えよ。

（　A　）によって（　B　）が吸収された結果，呼気を吹き込んだことでBTB溶液に溶け込んだ（　B　）が空気中に放出され，BTB溶液が（　C　）性を示すようになったから。

思考　実験・観察　論述

35. **酵素の反応**　ウシやブタなどの肝臓には，過酸化水素の分解を促進する酵素である［　A　］が含まれている。ウシの肝臓片と過酸化水素を用いて，次のような実験ア～ウを行った。下の各問いに答えよ。

ア．試験管に入れた3％過酸化水素水に肝臓片を加える。

イ．試験管に入れた3％過酸化水素水に，実験アで加えた肝臓片と同じ質量の酸化マンガン(Ⅳ)を加える。

ウ．試験管に3％過酸化水素水のみを入れた。

(1)　空欄Aに当てはまる，肝臓やダイコンなどに含まれ，過酸化水素の分解を促進する酵素の名称を答えよ。

(2)　気泡の発生した試験管内に火のついた線香を入れると激しく燃えた。このことからわかることを簡潔に答えよ。

(3)　実験ア～ウを行った後，酵素自体が変化していないことを検証するために行う追加の操作として正しいものを次の①～③から1つ選べ。

①　アの試験管に過酸化水素水を加える。

②　イの試験管に蒸留水を加える。

③　ウの試験管に肝臓片を加える。

34.

(1)

(2) 試験管

A

B

C

ヒント　BTB溶液は中性・酸性・アルカリ性で呈する色が異なる。

35.

(1)

(2)

(3)

ヒント　(2)　燃焼に必要な気体が何かを考える。

リフレクション　Reflection

次の2つの問いについて，それぞれ［　］内の語を用いて答えよ。

❶ 呼吸において，ATPが合成される過程を説明せよ。　［ADP，エネルギー，有機物］

➡ 書けなかったら… 22，23，25 へ

❷ 生体内の複雑な反応が順を追って円滑に進む理由を説明せよ。　［基質特異性，生成物］

➡ 書けなかったら… 29，30 へ

2つとも答えられたら次のテーマへ！

4 第1章　章末問題

学習日	1回目	2回目
	／	／

知識　実験・観察　計算

☐ **36. 細胞の観察**　各ミクロメーターが図アのように重なるよう顕微鏡をセットし，同じ倍率で原核生物と真核生物の細胞を観察したところ，図イのようになった。なお，図イにおいて，核は染色している。

接眼ミクロメーターの目盛り

対物ミクロメーターの目盛り

図ア

A

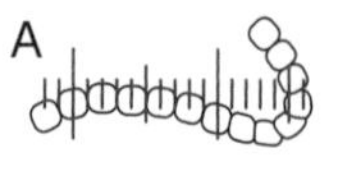

B　核

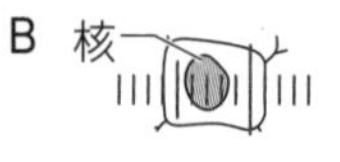

※A，Bとも葉緑体は観察されなかった。

図イ

(1)　次の①～③のうち，A，Bの生物として適当なものを１つずつ選べ。

①　イシクラゲ　　②　イモリの表皮細胞　　③　ツバキの葉の細胞

(2)　A，Bの細胞１つの長さ(μm)をそれぞれ求めよ。

思考

☐ **37. 細胞の構造**　下表は，原核細胞，動物細胞，植物細胞における各構造の有無をまとめたものである。なお，各構造が存在する場合は＋，存在しない場合は－の記号で示している。下の各問いに答えよ。

	構造	原核細胞	動物細胞	植物細胞
A	染色体	＋	＋	＋
B	核			
C	細胞膜			
D	細胞質基質			
E	ミトコンドリア			
F	葉緑体			
G	細胞壁			

(1)　B～Gについて，各構造の有無を原核細胞，動物細胞，植物細胞の順に＋と－の記号で表したものとして適当なものを，次の①～⑦からそれぞれ選べ。ただし，同じ番号を何度選んでも良い。

①　＋，＋，＋　②　＋，＋，－　③　＋，－，＋　④　＋，－，－

⑤　－，＋，＋　⑥　－，＋，－　⑦　－，－，＋

(2)　次の①～③のうち，Bについて，動物細胞と同様の記号が当てはまるものを１つ選べ。

①　酵母　　②　インフルエンザウイルス　　③　大腸菌

(3)　次の①～③は，A～Gのどれがもつ働きか。構造の名称を答えよ。

①　細胞と外部を仕切り，細胞内外への物質の運搬を行う。

②　光エネルギーを用いて炭酸同化を行う。

③　細胞を強固にし，形を保持する。

(4)　「DNAをもつ」という特徴がすべての生物に共通することは，A～Gのどの行から判断できるか。最も適当なものを１つ選べ。

(5)　細胞の進化について述べた次の文中の空欄に当てはまる語を答えよ。

（　ア　）細胞と（　イ　）細胞は，細胞膜などの共通した特徴をもつが，（　イ　）細胞にはBやE，Fなどの（　ウ　）がみられる。このことから，（　イ　）生物は（　ア　）生物から進化したと考えられている。

36.

(1) A ＿＿＿＿

B ＿＿＿＿

(2) A ＿＿＿＿

B ＿＿＿＿

ヒント

(2)　対物ミクロメーターの１目盛りは10μmである。ミクロメーターの目盛りが重なるところを探す際は，目盛りの中心が重なっているところを選ぶ。

37.

(1) B ＿＿＿＿

C ＿＿＿＿

D ＿＿＿＿

E ＿＿＿＿

F ＿＿＿＿

G ＿＿＿＿

(2) ＿＿＿＿

(3) ① ＿＿＿＿

② ＿＿＿＿

③ ＿＿＿＿

(4) ＿＿＿＿

(5) ア ＿＿＿＿

イ ＿＿＿＿

ウ ＿＿＿＿

ヒント

(4)　DNAを含む構造はどれかを考える。

思考 論述

38. 代謝

下の図1は，<u>ある生物</u>の代謝のようすを模式的に示している。なお，構造体の大きさの比は実際のものを反映していない。

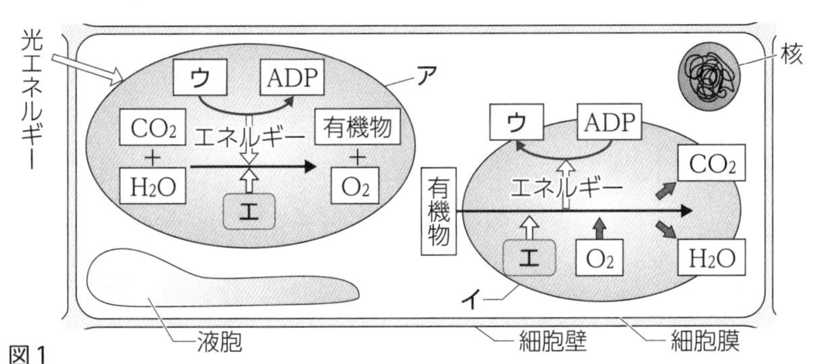

図1

(1) ア，イの細胞小器官の名称をそれぞれ答えよ。

(2) 下線部の生物として最も適切なものを，次の①～④から1つ選べ。

① ヒト　② パンジー　③ ユレモ　④ 大腸菌

(3) (2)のように判断した理由を述べた次の文中の空欄に当てはまる細胞小器官の名称を1つ答えよ。

図の細胞には，(　　　)があるから。

(4) ア，イの細胞小器官で行われている代謝は，それぞれ同化と異化のどちらであるかを書け。また，そのように判断した理由を，エネルギーの出入りに着目してそれぞれ20字程度で答えよ。

(5) 図2はウの構造を示している。図中の①～③の名称を答えよ。

(6) 図2のA，Bのうち，ウがADPになる際に切れてエネルギーを放出する部分はどちらか選べ。

(7) 図1のエは生体内で触媒として働く物質である。エの名称を答えよ。

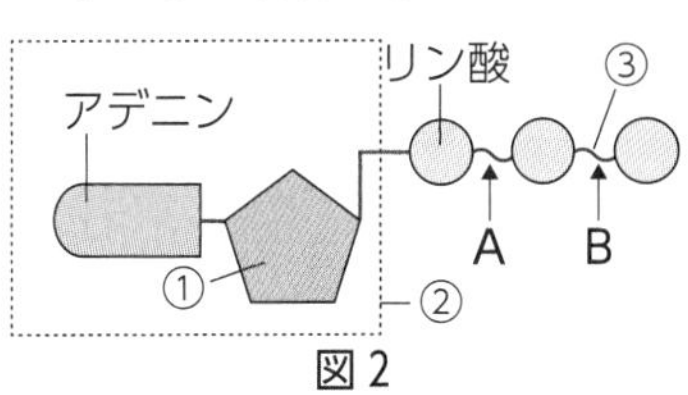

図2

思考 実験・観察 論述

力だめし 1 酵素

酵素の働きと特徴を調べるために酵素のカタラーゼを含むダイコン片を用いて次のような実験を行った。

【実験】

A．試験管に3％過酸化水素水5mLと，ダイコン片を入れ，酸素の発生の有無を確認する。

B．Aにおいて，酸素が発生しなくなったら，試験管に過酸化水素水を3mL加える。

(1) **【実験B】**の操作を数回くり返したところ，常に同様の結果が得られた。このことにもっとも深く関係する酵素の特徴として適当なものを，次の①～④から1つ選べ。

① 基質特異性がみられる。　② 主成分がタンパク質である。

③ くり返し作用し続ける。　④ 代謝の円滑な進行に関わる。

(2) 「酸素は，ダイコン片に含まれる酵素の働きで過酸化水素が分解されて発生するのではなく，ダイコン片自体から発生する。」という仮説を否定するためにはどのような実験を行って，どのような結果を得られればよいか。簡単に述べよ。

38.

(1) ア

イ

(2)

(3)

(4) ア

理由

イ

理由

(5) ①

②

③

(6)

(7)

ヒント
(3) エネルギーの放出と吸収のどちらを伴う反応かで判断する。

力だめし 1

(1)

(2)

(2) 酵素が作用する物質が存在しなければ，反応は起こらない。

5 遺伝子の本体と構造

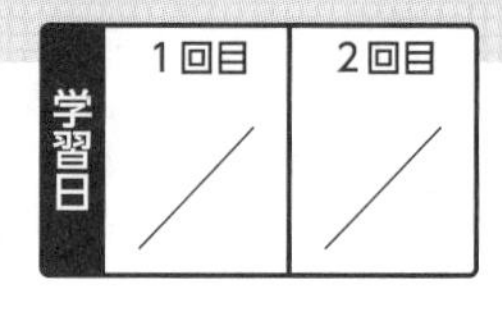

学習のまとめ

1 遺伝子・DNA・染色体

生物のさまざまな特徴(**形質**)の多くは，**遺伝子**によって決まる。遺伝子は，(1　　　　)に存在する。真核生物の場合，(1　　　　)は，(2　　　　)と(3　　　　)からなり，ふつう，核内で糸状に分散している。(2　　　　)の一部が遺伝子としての働きをもっている。

2 DNA の構造

DNA は，糖の一種である(4　　　　)にリン酸と(5　　　　)が結合した(6　　　　)が基本単位となり，これが多数鎖状につながってできている。このとき，(6　　　　)どうしは，糖とリン酸の間の結合でつながってヌクレオチド鎖をつくる。

DNA の塩基には，(7　　　　)(A)，(8　　　　)(T)，(9　　　　)(G)，(10　　　　)(C)の4種類がある。塩基は，アデニンと(11　　　　)，グアニンと(12　　　　)が特異的に結合して(13　　　　)を形成し，他の組み合わせで結合することはない。このような性質を塩基の(14　　　　)という。

DNA は，塩基の(14　　　　)にもとづいて結合した2本のヌクレオチド鎖が，ねじれてらせん状となった構造をとる。これを，(15　　　　)構造という。また，DNA において，ヌクレオチド鎖の(16　　　　)が遺伝情報となっており，遺伝子によって異なっている。

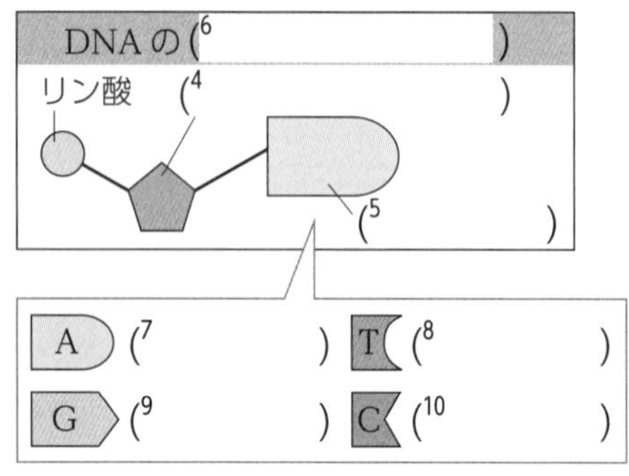

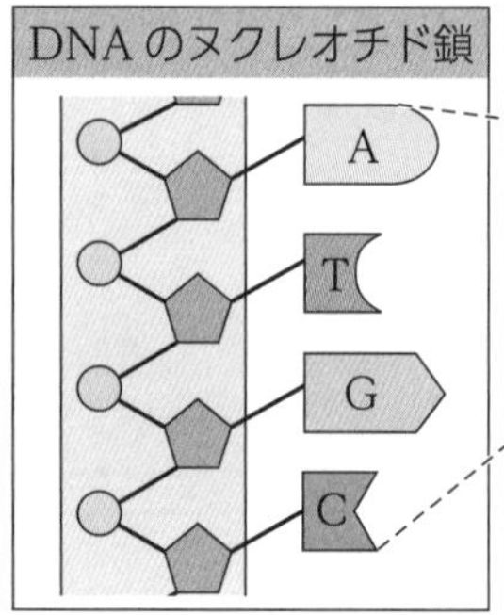

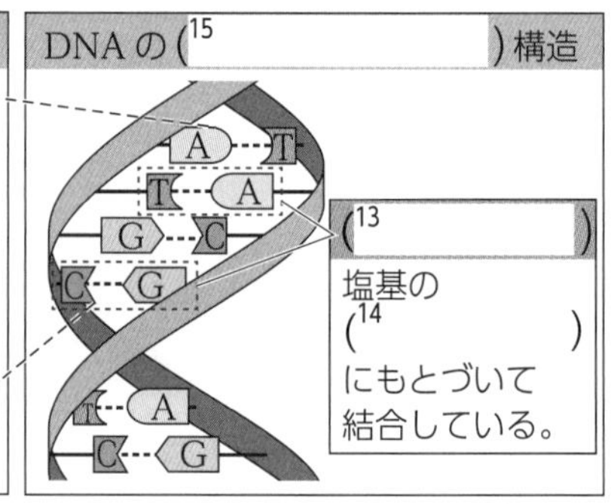

3 DNA の研究史

❶遺伝物質としての DNA の発見(グリフィス・エイブリー)

肺炎双球菌(肺炎球菌)には，病原性のS型菌と非病原性のR型菌がある。**グリフィス**は，加熱して殺したS型菌に生きたR型菌を混ぜてネズミに注射した。その結果，ネズミは肺炎を起こして死に，体内から生きたS型菌が発見された。これは，S型菌の何らかの物質がR型菌をS型菌に変化させたことを示している。このように，外部からの物質によって形質が変化する現象を(17　　　　)という。その後，**エイブリー**らによる次のような実験で，(17　　　　)を起こさせる物質は(18　　　　)であることが示唆された。

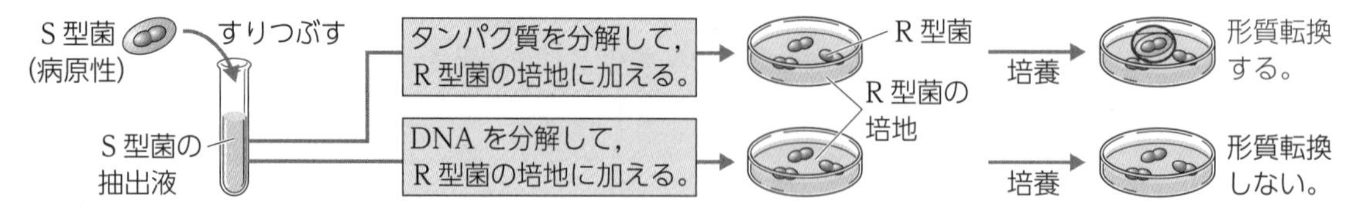

❷遺伝子の本体の解明(ハーシー・チェイス)

T_2ファージのタンパク質またはDNAを存在場所がわかるように標識して大腸菌に感染させた。すると,([18]　　　　　)のみが大腸菌に侵入して子ファージがつくられた。このことから,遺伝子の本体は([18]　　　　　)であることが証明された。

❸DNAの塩基組成の解明(シャルガフ)

シャルガフは,DNAの塩基の割合はAと([19]　　　),Gと([20]　　　)が等しいことを発見した。

❹DNAの分子構造の解明(ワトソン・クリック,ウィルキンス・フランクリン)

ワトソンと**クリック**は,**ウィルキンス**と**フランクリン**によるDNAのX線回折像などを参考に,DNAの([21]　　　　　)構造のモデルを発表した。

4 DNAの複製と分配

❶DNAの複製

DNAの複製では,2本のヌクレオチド鎖のそれぞれが鋳型となる。この鋳型鎖に対して,ヌクレオチドが塩基の([22]　　　　　)性にもとづいて結合するため,新しい鎖の塩基配列は,([23]　　　　　)の塩基配列によって決定される。このような複製のしくみを([24]　　　　　　　　)という。

❷遺伝情報の分配

体細胞分裂を行う細胞は,分裂を行う([25]　　　　　)期と,それ以外の([26]　　　　　)期をくり返している。このくり返しを([27]　　　　　)という。([26]　　　　　)期は,([28]　　　　　)期(DNA合成準備期),([29]　　　　　)期(DNA合成期),([30]　　　　　)期(分裂準備期)に分けられる。

DNAは,間期の([31]　　　　　　)期に複製され,分裂期を経て娘細胞に分配される。分裂期には,最初に([32]　　　　　)分裂が起こり,次いで,([33]　　　　　)分裂が起こる。

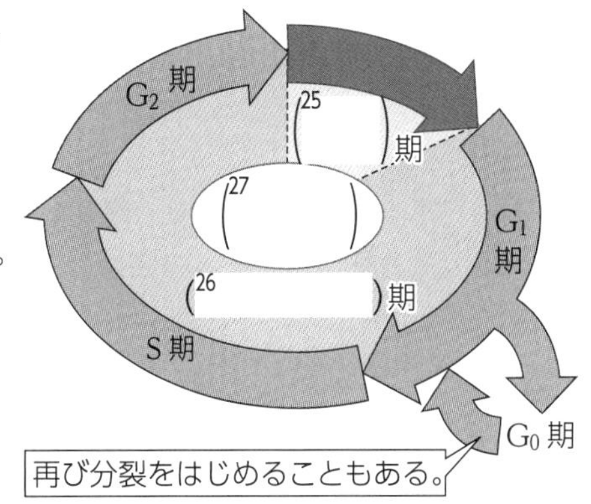

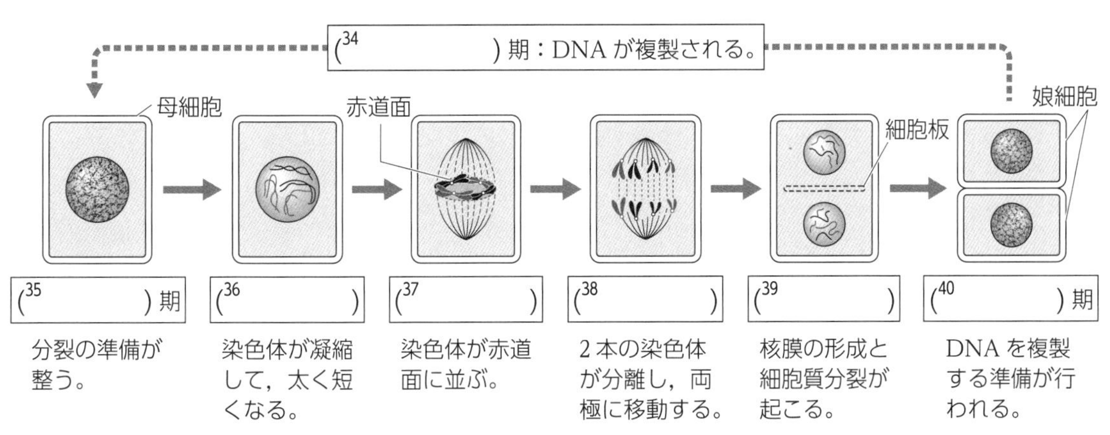

解答

1:染色体　2:DNA　3:タンパク質　4:デオキシリボース　5:塩基　6:ヌクレオチド　7:アデニン　8:チミン　9:グアニン　10:シトシン　11:チミン　12:シトシン　13:塩基対　14:相補性　15:二重らせん　16:塩基配列　17:形質転換　18:DNA　19:T　20:C　21:二重らせん　22:相補　23:鋳型鎖　24:半保存的複製　25:分裂(M)　26:間　27:細胞周期　28:G_1　29:S　30:G_2　31:S(DNA合成)　32:核　33:細胞質　34:S(DNA合成)　35:G_2(分裂準備)　36:前期　37:中期　38:後期　39:終期　40:G_1(DNA合成準備)

第2章 遺伝子とその働き

基本問題

知識

39. DNAの構造　下図は，DNAの構造を模式的に示したものである。

(1) 図中のa～dの名称を，次の[語群1]からそれぞれ選べ。

[語群1]
リン酸　ヌクレオチド　糖
アミノ酸　塩基

(2) DNAを構成するdに含まれるbは何か。次の[語群2]から1つ選べ。

[語群2]
リボース　グルコース
デオキシリボース

(3) 図中のア～エに当てはまる塩基を，次の[語群3]からそれぞれ選べ。

[語群3]　A　T　G　C　U

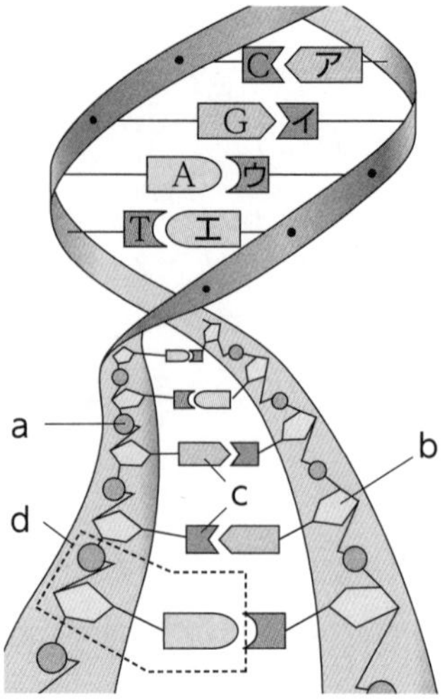

(4) DNAは2本のヌクレオチド鎖が平行に結合し，全体がねじれたらせん状の構造となっている。この構造名を答えよ。

(5) (4)の構造を提唱した人物を次の①～④から2人選び，記号で答えよ。

① クリック　② エイブリー　③ ハーシー　④ ワトソン

39.
(1) a
b
c
d
(2)
(3) ア
イ
ウ
エ
(4)
(5)

知識　計算

40. DNAの塩基　DNAの塩基について，次の各問いに答えよ。

(1) 次の[語群]の物質のうち，DNAに含まれる塩基をすべて選べ。

[語群]　チミン　アデノシン　アデニン　ヌクレオチド
デオキシリボース　ウラシル　シトシン　グアニン

(2) DNAのヌクレオチドに含まれる塩基は，決まった塩基どうしでしか結合しない。この性質を何というか。

(3) 次の文章中の［　］に当てはまる，DNAの塩基をそれぞれ答えよ。

DNAでは，Aと［ア］，Gと［イ］がそれぞれ対になって結合するため，DNAに含まれるCの数は必ず［ウ］の数に等しい。

(4) あるDNAを調べたところ，Gが40％含まれていた。このときのCとTの割合として正しいものを次の①～⑤からそれぞれ選び，番号で答えよ。

① 10％　② 20％　③ 30％　④ 40％　⑤ 50％

40.
(1)
(2)
(3) ア
イ
ウ
(4) C
T

ヒント
(4) DNAでは，Gと対になる塩基の割合とGの割合の合計値を100から引いた値が，残る2つの塩基の割合の合計となる。

知識

41. DNAに含まれる物質　DNAに関して述べた次の①～⑤の文のうち，正しいものをすべて選べ。

① DNAでは，2本のヌクレオチド鎖の内側に塩基が位置し，外側にリン酸と糖が交互につながっている。

② DNAを構成する1本のヌクレオチド鎖において，ヌクレオチドどうしの結合は，糖(デオキシリボース)とリン酸間の結合である。

③ DNAに含まれる各塩基の割合は，どの生物でも等しい。

④ DNA中のヌクレオチド鎖に含まれる4種類の塩基の割合が遺伝情報となっている。

⑤ 30億塩基対からなるDNAには，60億個の塩基が存在する。

41.

思考

42. 遺伝子の研究史　次の文章を読み，下の各問いに答えよ。

肺炎双球菌には，マウスに注射すると肺炎を発症させるS型菌と，非病原性のR型菌とがある。グリフィスは，a 加熱して殺したS型菌や，b 加熱して殺したS型菌と無処理のR型菌とを混ぜたものをマウスに注射する実験を行った。その結果から，c S型菌に含まれる耐熱性の物質が，R型菌をS型菌に変化させたと結論づけた。その後，エイブリーは，グリフィスが発見した現象は，d S型菌のもつDNAが原因であることを示唆する実験結果を得た。

(1) 下線部a，bをマウスに注射したときの結果を，次からそれぞれ選べ。
① マウスは肺炎を発症する。　② マウスは肺炎を発症しない。

(2) 下線部cのような現象の名称を答えよ。

(3) 下線部dにおいて，エイブリーらが行った次の実験ア～ウのうち，R型菌にcの現象が起こるものには①，起こらないものには②と答えよ。
ア．S型菌抽出液をR型菌と混合した。
イ．S型菌抽出液をタンパク質分解酵素で処理して，R型菌と混合した。
ウ．S型菌抽出液をDNA分解酵素で処理して，R型菌と混合した。

思考

43. 遺伝子の本体　T_2ファージは，タンパク質とDNAからなるウイルスで，大腸菌に感染してふえる。このとき，T_2ファージは遺伝子として働く物質を大腸菌内に注入して子ファージをつくる。これを用いて次のような実験を行った。下の各問いに答えよ。

【実験】 DNAまたはタンパク質を標識したT_2ファージを大腸菌に感染させ，撹拌して大腸菌の表面に付着した物質を外したのち，遠心分離を行った。その後，上澄みと沈殿物で，標識した物質の有無を確認した。

(1) 沈殿物に多く含まれているのは，大腸菌とT_2ファージのどちらか答えよ。

(2) 実験の結果を右表に示す。標識した各物質は，それぞれ上澄みと沈殿物のどちらで多く検出されたか。表中の空欄ア～エのうち，「多く検出された」という結果が入るものをそれぞれ選べ。

標識した物質	DNA	タンパク質
上澄み	ア	ウ
沈殿物	イ	エ

(3) この実験を考察した次の文中の空欄①，②には，それぞれDNAとタンパク質のどちらが当てはまるか。ただし，同じものを二度選んでもよい。
沈殿物から標識した(　①　)が多く検出されたことから，遺伝子として働くのは，大腸菌内に注入された(　②　)だと考えられる。

思考

44. 半保存的複製の解明　メセルソンとスタールは，ふつうの窒素よりも質量の大きい窒素のみを含む培地で大腸菌を培養し，大腸菌内のすべての窒素を質量の大きいものに置き換えた。この大腸菌を，ふつうの窒素のみを含む培地に移し，細胞分裂をさせた。このとき，ふつうの窒素を含む培地に移す前の大腸菌と，ふつうの窒素を含む培地に移して1回細胞分裂したもの，および2回細胞分裂したものからDNAを抽出した。それぞれの大腸菌からはどのような重さのDNAが得られるか。次の①～③から正しいものをすべて選べ。

① 重いDNA　② 中間の重さのDNA　③ 軽いDNA

42.
(1) a ＿＿＿
b ＿＿＿
(2) ＿＿＿
(3) ア ＿＿＿
イ ＿＿＿
ウ ＿＿＿

43.
(1) ＿＿＿
(2) DNA ＿＿＿
タンパク質 ＿＿＿
(3) ① ＿＿＿
② ＿＿＿

ヒント
(2) T_2ファージが大腸菌に感染する際，遺伝子として働く物質のみを大腸菌内に注入し，それ以外は大腸菌の細胞表面に付着する。

44.
培地を移す前の大腸菌 ＿＿＿
1回分裂後の大腸菌 ＿＿＿
2回分裂後の大腸菌 ＿＿＿

ヒント
大腸菌は，培地に含まれる窒素を用いて新しいヌクレオチド鎖を合成する。

□ **45. DNAの複製** 知識

右図は，DNAの複製のようすを模式的に示したものである。このように，元のDNAと同じ塩基配列をもつ2つのDNAが合成されるしくみを述べた文として適当なものを次の①～③から1つ選べ。

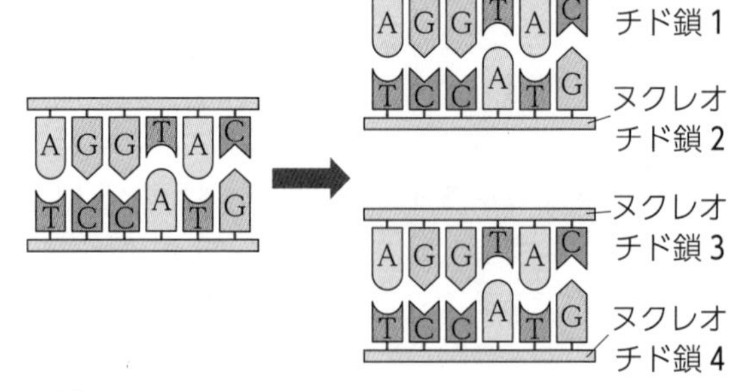

① 鎖1と鎖2の塩基配列にもとづいて，鎖3と鎖4が新たに合成された。
② 鋳型鎖となる鎖1と鎖4に対して，塩基の相補性にもとづいてヌクレオチドが結合し，鎖2と鎖3が合成された。
③ 生物によって塩基配列は決まっており，細胞中のヌクレオチドは常に同じ塩基配列のDNAを合成するため，元のDNAである鎖1と鎖2とは無関係に鎖3と鎖4が合成された。

□ **46. 細胞周期** 知識 次の①～③は細胞周期における間期の時期を，④～⑦は細胞周期における分裂期の時期を示している。

① G_2期　② G_1期　③ S期　④ 後期
⑤ 前期　⑥ 中期　⑦ 終期

(1) ①～⑦を，①を最初にして細胞周期の順に並べ替えよ。
(2) 次のA～Iの現象が起こる時期を①～⑦からそれぞれ選べ。ただし，同じ番号を何度選んでもよい。

A．2本の染色体が分離する。　B．DNAを複製する準備が整う。
C．染色体が両極へ移動する。　D．DNAが複製される。
E．染色体が赤道面に並ぶ。　F．分裂の準備が整う。
G．細胞質が2つに分かれる細胞質分裂が起こる。
H．核内に分散していた染色体が，凝縮して太く短くなる。
I．染色体が分散し，核膜が形成される。

□ **47. 体細胞分裂とDNA量の変化** 知識 次のグラフは，体細胞分裂の際の，細胞1個当たりのDNA量の変化を示している。これについて，次の各問いに答えよ。

(1) グラフのア～ケに当てはまる細胞周期の時期の名称として最も適当なものを，次の[語群]からそれぞれ選べ。

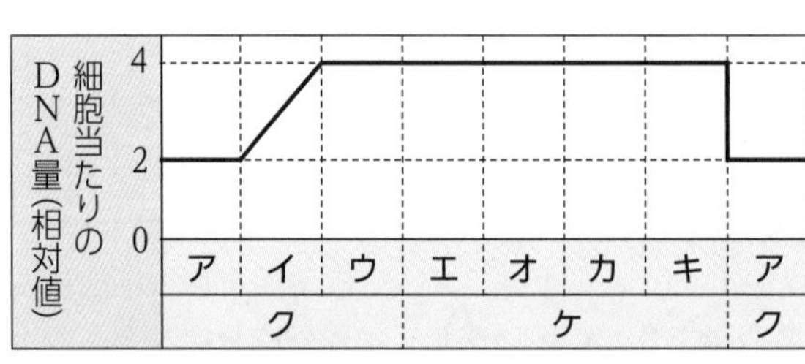

[語群] 前期　中期　終期　後期　S期
G_1期　G_2期　間期　分裂期

(2) ア～キのうち，DNAが複製される時期を選び，記号で答えよ。
(3) ア～キのうち，細胞質分裂が起こる時期を選び，記号で答えよ。

45.

46.
(1) ① →
→　→
→　→
→
(2) A　B
C　D
E　F
G　H
I

47.
(1) ア
イ
ウ
エ
オ
カ
キ
ク
ケ
(2)
(3)

問題

思考 計算 論述

48. 塩基の相補性 あるDNAを構成する２本のヌクレオチド鎖を，それぞれX鎖，Y鎖とする。X鎖に含まれる全塩基のうち，Aが28％，Gが23％，Cが19％であった。

(1) X鎖とY鎖に含まれる塩基Tの割合はそれぞれ何％か。

(2) ２本鎖DNA全体(X鎖＋Y鎖)における，Tの割合は何％か。

(3) X鎖の一部の塩基配列が「TACCGGTAG」であるとき，この部分と相補的なY鎖の塩基配列を答えよ。

(4) DNAについて常に等しくなるものを，次の①～④からすべて選べ。

① 一方の鎖のAとTの割合の和と，他方の鎖のAとTの割合の和。

② 一方の鎖のAとGの割合の和と，他方の鎖のAとGの割合の和。

③ DNA全体で，AとGの割合の和と，TとCの割合の和。

④ DNA全体で，AとTの割合の和と，GとCの割合の和。

(5) (4)のようになる理由を簡潔に述べよ。

思考 論述

49. 体細胞分裂 下図は，ある生物の体細胞分裂の各時期を模式的に示したものである。これについて，下の各問いに答えよ。

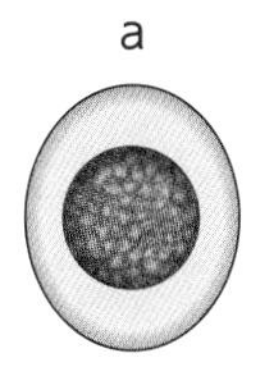

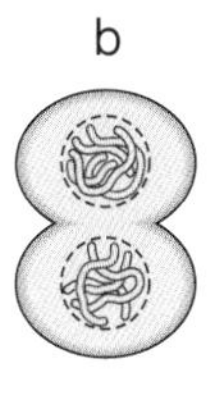

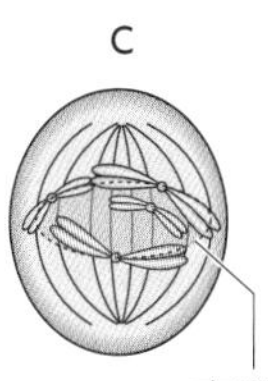

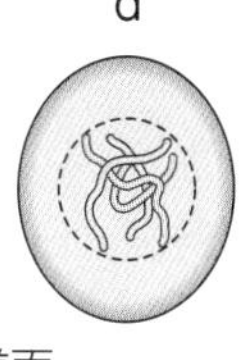

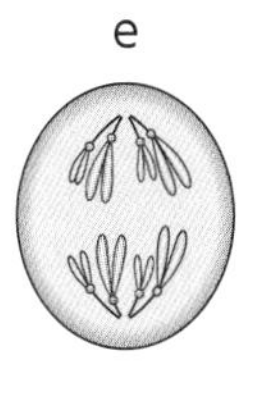

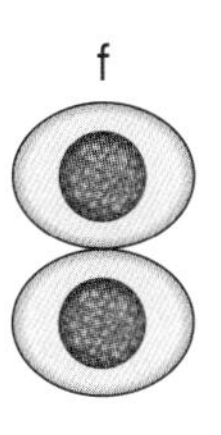

(1) この細胞は動物細胞と植物細胞のうちどちらか。また，選んだ理由を体細胞分裂のしかたに着目して簡潔に述べよ。

(2) ａを最初にして，ａ～ｆを体細胞分裂の過程の順に並べ替えよ。

(3) DNAの複製は間期または分裂期における何という時期に起こるか。

(4) 体細胞分裂を観察する際に用いられる染色液の名称を答えよ。

48.

(1) X　　Y

(2)

(3)

(4)

(5)

ヒント
Y鎖でのある塩基の割合は，その塩基と相補的に結合する塩基のX鎖での割合に等しい。

49.

(1)

(2) a →　→　→　→　→

(3)

(4)

ヒント
(1) 動物細胞と植物細胞は，細胞質分裂のしくみが異なる。

リフレクション Reflection

次の２つの問いについて，それぞれ[　]内の語を用いて答えよ。

❶ DNAの二重らせん構造を説明せよ。　[ヌクレオチド鎖，塩基の相補性，らせん状]

➡ 書けなかったら… **39**，**41** へ

❷ 半保存的複製のしくみを説明せよ。　[鋳型，塩基の相補性]

➡ 書けなかったら… **45** へ

２つとも答えられたら次のテーマへ！

6 遺伝情報とタンパク質

学習日	1回目	2回目
	／	／

学習のまとめ

1 遺伝情報とタンパク質

生物の形態や性質の多くは([1]　　　　　　)の働きによって現れる。タンパク質は基本単位である([2]　　　　　　)が多数鎖状につながってできている。タンパク質の種類は，構成する([2]　　　　　　)の種類や総数・([3]　　　　　　)の違いによって決まる。

異なる種類の([2]　　　　　　)

タンパク質A ○ ○ □ … △

タンパク質B ○ △ △ … △

タンパク質C □ □ △ ○ … □

([2]　　　　　　)の総数や([3]　　　　　　)が異なると，タンパク質の種類が異なる。

DNAの遺伝子として働く部分の塩基配列には，タンパク質のアミノ酸の([3]　　　　　　)に関する情報が含まれており，DNAの([4]　　　　　　)つの塩基の並びが1つのアミノ酸に対応している。タンパク質は，これにもとづいて合成される。

2 転写と翻訳

❶RNA

RNAは，DNAと同じように([5]　　　　　　)が鎖状につながってできた物質である。

	糖	塩基の種類	ヌクレオチド鎖の数
DNA	デオキシリボース	A，T，G，C	2本
RNA	([6]　　　　　　)	A，([7]　　　　　　)，G，C	([8]　　　　　　)本

・([9]　　　　　　)…アミノ酸の種類や配列順序・総数を指定する。

・([10]　　　　　　)…アミノ酸と結合し，これを([9]　　　　　　)へ運搬する。

❷転写

mRNAやtRNAはDNAの一方のヌクレオチド鎖の塩基配列を写し取ることで合成され，この過程は([11]　　　　　　)と呼ばれる。まず，DNAの一部で([12]　　　　　　)どうしの結合が切れて，部分的に1本ずつのヌクレオチド鎖になる。このうちの一方のヌクレオチド鎖の塩基に，RNAのヌクレオチドの塩基が([13]　　　　　　)的に結合する。このRNAのヌクレオチドが互いに結合し，1本のRNAとなる。

❸翻訳

mRNAの塩基配列にもとづいてアミノ酸が連結され，タンパク質が合成される過程を([14]　　　　　　)という。mRNAにおいて，1つのアミノ酸を指定する，3つの塩基の並びを([15]　　　　　　)という。tRNAには([15]　　　　　　)と相補的に結合する3つの塩基の並び([16]　　　　　　)が含まれている。tRNAは([16]　　　　　　)に対応した特定の([17]　　　　　　)と結合し，これをmRNAへ運ぶ。mRNAに運ばれた([17]　　　　　　)は，mRNAの([15]　　　　　　)の順序にもとづいて並べられ，連結されてタンパク質がつくられる。

遺伝子のDNAの塩基配列が転写されたり，タンパク質に翻訳されたりすることを，遺伝子の([18]　　　　　　)という。

❹遺伝情報の流れ

遺伝情報は，原則としてDNA → RNA → タンパク質へと一方向に流れる。このような遺伝情報の流れに関する原則は，([19]　　　　　　)と呼ばれる。

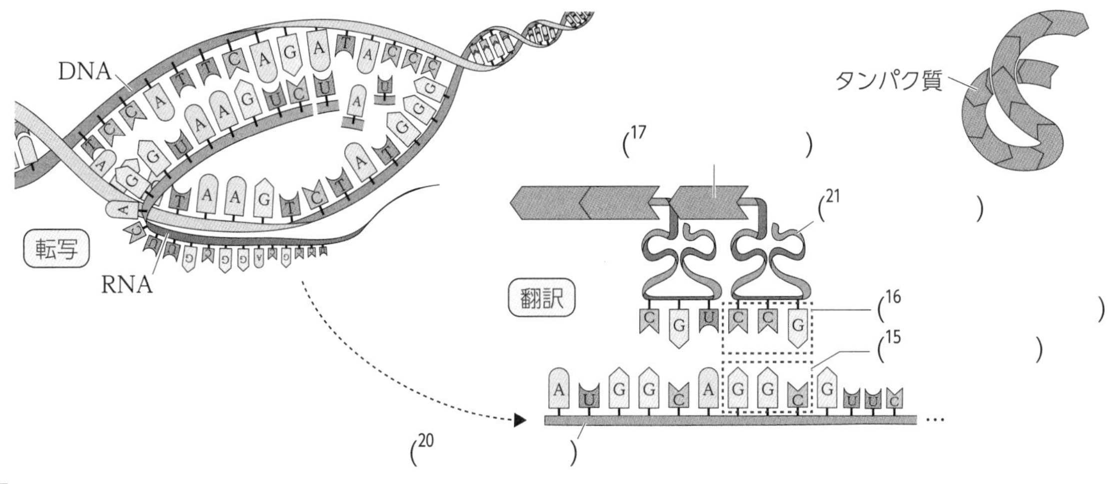

☑ 3 遺伝子とゲノム

(22　　　)…生物が自らを形成・維持するのに必要な最小限の遺伝情報。

多くの生物では，(22　　　)は1個の(23　　　)細胞がもつ遺伝情報に相当する。ヒトの(23　　　)細胞には染色体が23本含まれており，これらのDNAを構成する全塩基配列が1組の(22　　　)である。真核生物では，タンパク質に翻訳される部分はゲノム全体の一部で，**ほとんどの部分は翻訳されない**。一方，原核生物のゲノムでは，ほとんどの部分が翻訳される。

❶細胞の分化と遺伝子の発現

・細胞の(24　　　)…細胞が特定の形態や機能をもつようになること。

多細胞生物のからだを構成する体細胞は，みな基本的に同じ(25　　　)をもつが，発現する(26　　　)が細胞によって異なるため，さまざまな細胞に(24　　　)している。

■ (27　　　)	している
□ (27　　　)	していない

A～Cはタンパク質である。また，細胞①～③はそれぞれ異なる形態や機能をもつ。それぞれの細胞では，異なる遺伝子が(27　　　)している。

細胞①　細胞②　細胞③

Aの遺伝子　Bの遺伝子　Cの遺伝子

Aの mRNA の合成 ▼ Aの合成

Bの mRNA の合成 ▼ Bの合成

Cの mRNA の合成 ▼ Cの合成

❷だ腺染色体のパフでの遺伝子の発現

・(28　　　)…ユスリカやキイロショウジョウバエなどの幼虫のだ腺細胞に存在する巨大な染色体。

・(29　　　)…(28　　　)にみられる膨らんだ部分。(29　　　)では，そこに存在する遺伝子が盛んに(30　　　)されている。

解答

1：タンパク質　2：アミノ酸　3：配列順序　4：3　5：ヌクレオチド　6：リボース　7：U(ウラシル)　8：1　9：mRNA(伝令RNA)　10：tRNA(転移RNA)　11：転写　12：塩基　13：相補　14：翻訳　15：コドン　16：アンチコドン　17：アミノ酸　18：発現　19：セントラルドグマ　20：mRNA(伝令RNA)　21：tRNA(転移RNA)　22：ゲノム　23：生殖　24：分化　25：ゲノム　26：遺伝子　27：発現　28：だ腺染色体　29：パフ　30：転写

基本問題

📖知識

☐ **50.** **タンパク質の特徴** タンパク質の構造や性質に関する次の①～⑦の文のうち，正しいものをすべて選べ。

① 生物の形態や性質の多くはタンパク質の働きによって現れる。
② タンパク質は，多数の塩基が鎖状につながってできている。
③ アミノ酸の総数が同じタンパク質は，必ず同じ性質を示す。
④ タンパク質には遺伝子としての働きもある。
⑤ タンパク質はDNAの遺伝情報に基づいてつくられる。
⑥ タンパク質は，ヒトのからだを構成する物質のなかで，水と同じくらいの割合を占めている。
⑦ 生体を構成する物質のなかには，タンパク質の働きによって体内で合成されているものもある。

50. ____________

📖知識

☐ **51.** **DNAとRNAの特徴** 次の(1)～(3)の解答を下の[語群]からそれぞれ選べ。

(1) DNAとRNAのヌクレオチドが含む糖の名称をそれぞれ答えよ。
(2) DNAには含まれないが，RNAには含まれる塩基の名称を答えよ。
(3) DNAとRNAはそれぞれ何本のヌクレオチド鎖からなるか。

[語群] 1本 2本
アデニン グアニン シトシン ウラシル
チミン リボース デオキシリボース

51.
(1) DNA ____________
RNA ____________
(2) ____________
(3) DNA ____________
RNA ____________

📖知識

☐ **52.** **RNAの種類と働き** RNAに関する次の各問いに答えよ。

(1) DNAの塩基配列を写し取り，タンパク質のアミノ酸の種類や配列順序・総数を指定するRNAの名称を答えよ。
(2) アミノ酸と結合し、それを(1)へ運搬するRNAの名称を答えよ。
(3) (1)において，1つのアミノ酸を指定する3つの塩基の並びを何というか。
(4) (3)と相補的に結合する(2)の塩基3つの並びを何というか。

52.
(1) ____________
(2) ____________
(3) ____________
(4) ____________

📖知識

☐ **53.** **転写と翻訳①** 下図はDNAの塩基配列をもとに，タンパク質のアミノ酸の配列が決定される過程を示したものである。下の各問いに答えよ。

DNA	…	[ア]	A	[イ]	[ウ]	G	T	…	X
RNA	…	A	[エ]	C	G	[オ]	[カ]	…	
mRNA	…	A	[エ]	C	G	[オ]	[カ]	…	Y
タンパク質	…	[a]						…	

(1) 図中の空欄ア～カに当てはまる塩基を，次の[語群]からそれぞれ選べ。
[語群] A T G C U
(2) 図中のX，Yの過程の名称を次の①～④からそれぞれ選べ。
① 複製 ② 転写 ③ 形質転換 ④ 翻訳
(3) 空欄aにはいくつのアミノ酸が入るか。次の①～③から1つ選べ。
① 2つ ② 3つ ③ 6つ

53.
(1) ア ____________
イ ____________
ウ ____________
エ ____________
オ ____________
カ ____________
(2) X ____________
Y ____________
(3) ____________

知識

54. タンパク質の合成

遺伝情報にもとづいたタンパク質の合成について，次の各問いに答えよ。

(1) 次のア～エを，遺伝情報をもとにタンパク質がつくられるまでの過程となるように並べ替えよ。

ア．DNA の 2 本のヌクレオチド鎖の間で形成されている塩基対間の結合が次々に切れ，部分的に 1 本ずつのヌクレオチド鎖になる。

イ．tRNA が特定のアミノ酸と結合し，それを mRNA へ運ぶ。

ウ．隣り合うアミノ酸どうしが結合する。

エ．DNA のヌクレオチド鎖の塩基に，RNA のヌクレオチドが相補的に結合し，1 本鎖の RNA が合成される。

(2) 塩基配列の一部が TACGCGTATGGA の DNA がある。この塩基配列をもとに合成される mRNA の塩基配列として正しいものを，下表の①～③から 1 つ選べ。

①	TACGCGTATGGA
②	UACGGCAUACCU
③	AUGCGCAUACCU

(3) 次の文中の空欄（ ① ）～（ ④ ）に当てはまる語を下の［語群］からそれぞれ選べ。

遺伝子として働く（ ① ）の塩基配列が写し取られて（ ② ）が合成されたり，（ ③ ）に翻訳されたりすることを遺伝子の（ ④ ）という。

［語群］　発現　DNA　RNA　タンパク質

54.
(1)　→　→　→
(2)
(3) ①
②
③
④

知識

55. 転写と翻訳②

転写と翻訳について述べた次の①～⑤の文のうち，正しいものをすべて選べ。

① RNA のヌクレオチドの塩基は，DNA のヌクレオチド鎖の塩基と相補的に結合する。

② DNA の塩基配列をもとに mRNA が合成され，それをもとに，タンパク質の塩基配列が決定される。

③ 転写の過程では，DNA の 2 本のヌクレオチド鎖の両方の塩基配列が写し取られて，mRNA や tRNA が合成される。

④ mRNA の塩基 3 つの並びが，1 つのアミノ酸を指定する。

⑤ それぞれの tRNA は，すべてのアミノ酸と結合できるため，その都度，異なるアミノ酸を mRNA へ運搬する。

55.

知識

56. 遺伝情報の流れ

下図は，遺伝情報の流れを模式的に示したものである。これについて，下の各問いに答えよ。

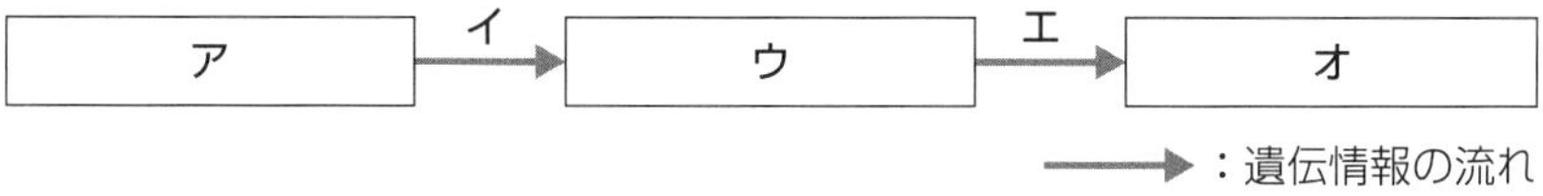

［ ア ］ —イ→ ［ ウ ］ —エ→ ［ オ ］

→：遺伝情報の流れ

(1) 図中の空欄ア～オに当てはまる語を，次の［語群］からそれぞれ選べ。

［語群］　翻訳　DNA　RNA　転写　タンパク質

(2) 遺伝情報は，原則，図に示したように流れる。この原則を何というか。

56.
(1) ア
イ
ウ
エ
オ
(2)

知識

57. 遺伝暗号と翻訳

下表は，mRNA の塩基配列とそれに対応するアミノ酸配列の関係を示したものである。下の各問いに答えよ。

mRNA の塩基配列	UACAUCUUC
対応するアミノ酸配列	チロシン－イソロイシン－フェニルアラニン

(1) DNA の塩基配列が ATG の場合，転写した mRNA のコドンを答えよ。

(2) (1)のコドンが指定するアミノ酸を次の①～③から選べ。

① チロシン　② イソロイシン　③ フェニルアラニン

57.
(1)
(2)

知識

58. ゲノム

ゲノムについて，次の各問いに答えよ。

(1) 下表は，ヒトの染色体とゲノムについてまとめたものである。表中の空欄 a ～ d に最も適する数値を，下の①～⑪からそれぞれ選べ。ただし，同じものを何度選んでもよい。

体細胞の相同染色体の組数	生殖細胞の染色体数	ゲノムの塩基対数	ゲノムに存在する遺伝子数
(a)組	(b)本	約(c)塩基対	約(d)

① 1　② 2　③ 23　④ 46　⑤ 200　⑥ 2万
⑦ 20万　⑧ 3000万　⑨ 3億　⑩ 30億　⑪ 300億

(2) 次の①～⑤の文のうち，**誤っているもの**を 1 つ選べ。

① ゲノムとは，生物が自らを形成・維持するのに必要な 1 組の遺伝情報のことである。
② ヒトの体細胞は，一般に，2 組のゲノムをもつ。
③ ヒトの生殖細胞は，一般に，2 組のゲノムをもつ。
④ 生物によって，ゲノムを構成する塩基対数や遺伝子数は異なる。
⑤ ヒトのゲノムでは，翻訳されない部分が大部分を占める。

58.
(1) a
b
c
d
(2)

ヒント
(2) ゲノムは，1 つの生殖細胞がもつ全遺伝情報に相当する。

知識

59. 遺伝子の発現とタンパク質

次の文章を読み，下の各問いに答えよ。

多細胞生物の体細胞は，さまざまな細胞に(　ア　)しており，それぞれの細胞で必要な(　イ　)だけが発現している。たとえば，眼の水晶体の細胞ではクリスタリンの(　イ　)が，肝臓の細胞ではアルブミンの(　イ　)が発現している。

(1) 文章中の空欄に当てはまる語を，次の[語群]からそれぞれ選べ。

[語群]　発現　分化　遺伝子　アミノ酸

(2) ヒトにおいて，次の①～④のどの細胞 1 個がもつ遺伝情報がゲノムに相当するか。

① 脳細胞　② 卵細胞　③ 肝細胞　④ 心筋細胞

(3) 下線部について述べた文として正しいものを次の①～④から 1 つ選べ。

① 肝臓の細胞では，クリスタリンも合成される。
② 肝臓の細胞では，アルブミンの(　イ　)以外の(　イ　)は，すべて発現していない。
③ 眼の水晶体の細胞には，アルブミンの(　イ　)は存在しない。
④ 眼の水晶体の細胞と肝臓の細胞に含まれるゲノムは共通である。

59.
(1)ア
イ
(2)
(3)

知識

60. 細胞の分化と遺伝子の発現 次の①～⑥について，下線部が正しいものには○，誤っているものには×を記せ。

① 多細胞生物を構成する細胞は，1個の受精卵をもとに体細胞分裂をくり返してつくられるため，全身の細胞は基本的に同じゲノムをもつ。
② 1個体において，異なる種類の細胞は，異なるゲノムをもつ。
③ 体細胞の種類の違いは，発現している遺伝子の違いによる。
④ 細胞は，必要な遺伝子を合成することで，特定の形態や機能を現す。
⑤ 転写や翻訳に関わる遺伝子は，すべての細胞で発現している。
⑥ ヒトの体細胞には，卵と精子に由来する46本の染色体が含まれ，1組のゲノムが存在している。

60.
①
②
③
④
⑤
⑥

知識

61. ゲノムと染色体・遺伝子 下図は，ヒトにおけるゲノムと染色体，遺伝子の関係を示したものである。図中のア～ウのうち，ゲノム，染色体，遺伝子に当てはまるものをそれぞれ選べ。

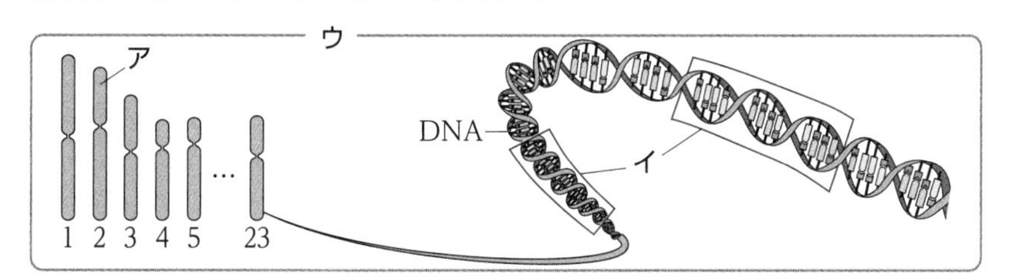

61.
ゲノム
染色体
遺伝子

知識

62. だ腺染色体とパフ 次の文章を読み，下の各問いに答えよ。

a ある昆虫では，幼虫のだ腺細胞に，［ ア ］という b 巨大な染色体が存在する。［ ア ］には，［ イ ］などの染色液によく染まる多数の横じまが見られる。この横じまは［ ウ ］の位置を知る目安になる。c ［ ア ］には，ところどころにふくらんだ部分がみられる。

(1) 文章中の空欄ア～ウに適する語を次の［語群］からそれぞれ選べ。

［語群］ 遺伝子　タンパク質　RNA　相同染色体
だ腺染色体　酢酸カーミン溶液　ヤヌスグリーン

(2) 下線部aについて，アの観察に適した生物を次の①～⑥から2つ選べ。

① キイロショウジョウバエ　② モンシロチョウ　③ ミツバチ
④ カブトムシ　⑤ ユスリカ　⑥ オニヤンマ

(3) 下線部bについて，アは細胞分裂のときに観察される通常の染色体と比べておよそどのくらいの大きさとなるか。次の①～④から選べ。

① 2倍　② 20倍　③ 200倍　④ 2000倍

(4) 下線部cについて，アを観察する方法について述べた次の文章中の空欄(A)～(E)に当てはまる語を下の［語群］から選べ。

(A)をピロニン・メチルグリーン溶液で染色して観察すると，全体的には(B)色のしま模様が観察されるが，膨らんでいる(C)の部分は(D)色に染まる。これは，(C)では(E)が活発に行われRNAが合成されているためである。

［語群］ RNA　DNA　青緑　赤　複製　転写　翻訳
パフ　だ腺染色体

62.
(1) ア
イ
ウ
(2)
(3)
(4) A
B
C
D
E

ヒント
ピロニン・メチルグリーン溶液はDNAとRNAをそれぞれ異なる色に染色する。

知識

63. DNAとRNA

DNAとRNAについて述べた次の①～⑧の文のうち，下線部が正しいものには○を，誤っているものには正しい内容をそれぞれ記せ。

① DNAの遺伝情報をもとにRNAが合成される過程を，複製という。
② RNAは，リボースとリン酸，塩基を含む。
③ DNAのアデニンと結合するRNAの塩基は，チミンである。
④ mRNAの塩基12個の並びは，3つのアミノ酸と対応している。
⑤ RNAの塩基は，DNAの塩基と相補的に結合する。
⑥ RNAは，2本のヌクレオチド鎖からなる。
⑦ アミノ酸の配列順序を決めるRNAを，tRNAという。
⑧ mRNAには，特定のアミノ酸が結合する。

知識

64. タンパク質の合成過程

下図は，タンパク質の合成過程を示したものである。下の各問いに答えよ。

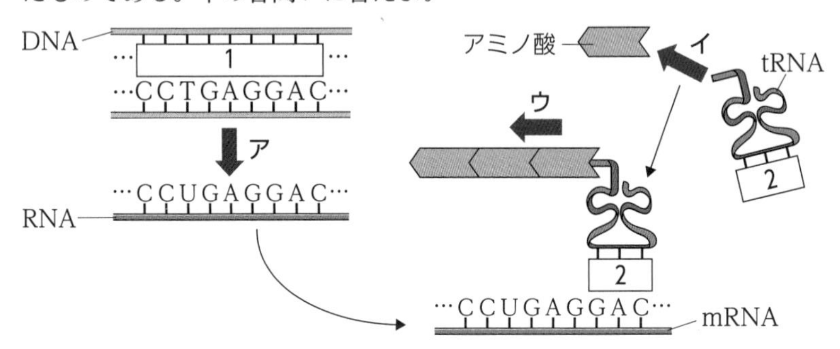

(1) 図中の空欄1に当てはまる，このとき合成されたRNAの鋳型となったDNAのヌクレオチド鎖の塩基配列を答えよ。
(2) 図中のア～ウのうち，転写の過程を示しているものを1つ選べ。
(3) 図中の空欄2に当てはまるtRNAの塩基配列を答えよ。
(4) 後見返しの遺伝暗号表を参照して，図中のmRNAの塩基配列に対応するアミノ酸配列を答えよ。このとき，mRNAは左から右へ読む。
(5) 150個のアミノ酸には，mRNAの塩基配列における何個の塩基が対応するか答えよ。

思考 計算 論述

65. 塩基対の数

ヒトのゲノムを構成するDNAの塩基対数は約30億である。このうち翻訳される部分は4500万塩基対程度で，ここに約2万個の遺伝子が存在する。これについて，次の各問いに答えよ。

(1) ヒトでは，翻訳される部分の塩基対数はゲノム全体の約何％か。
(2) 大腸菌のゲノムでは，翻訳される部分の割合は，(1)で答えた数値に比べてどのようになると考えられるか。理由とともに述べよ。
(3) すべての遺伝子が同じ塩基対数で構成されると仮定した場合，遺伝子1つを構成する塩基対数は約何個か。次の①～④から1つ選べ。
① 70個　② 2300個　③ 13600個　④ 136000個
(4) ヒトでは，何本の染色体を構成するDNAの全塩基配列がゲノムに相当するか答えよ。

63.
①
②
③
④
⑤
⑥
⑦
⑧

ヒント
タンパク質の種類は，mRNAの塩基配列にもとづく。

64.
(1)
(2)
(3)
(4)
(5)

ヒント
(1) RNAの塩基配列は，DNAの鋳型鎖と相補的である。

65.
(1)
(2)
(3)　(4)

ヒント
(2) 大腸菌は原核生物である。
(3) 遺伝子は，翻訳される部分に存在する。

思考　実験・観察　論述

66. だ腺染色体の観察　図1，2は，ユスリカの幼虫のだ腺染色体を酢酸カーミン溶液またはピロニン・メチルグリーン溶液で染めたときのようすを模式的に表している。

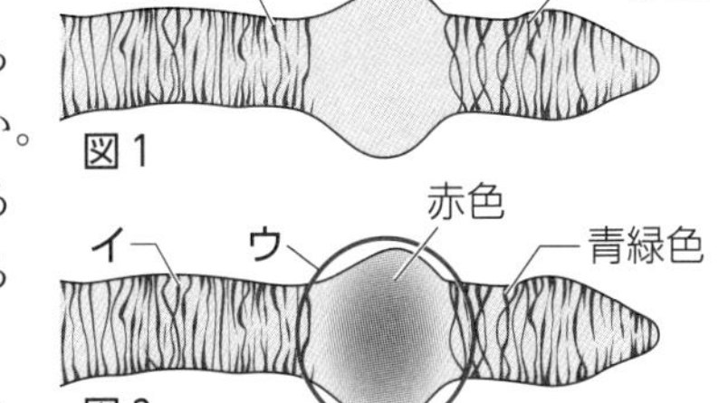

(1)　図1，2では，それぞれどちらの染色液を用いたと考えられるか。
(2)　遺伝子の位置を知る目安となるものを，図1，2中のア～ウからすべて選べ。
(3)　図2のウの部分の名称を答えよ。
(4)　図2のように染色されたことから，ウの部分では何が行われていると考えられるか。また，そう考えた理由を簡潔に述べよ。
(5)　パフを調べることで遺伝子の発現に関してどのようなことがわかるか簡潔に述べよ。

思考

67. 遺伝子の発現　イギリスのガードンは，アフリカツメガエルの褐色個体Aの未受精卵に紫外線を照射して核の働きを失わせたものに，白色個体のおたまじゃくしBの核を移植して発生させ，個体Cを得た。

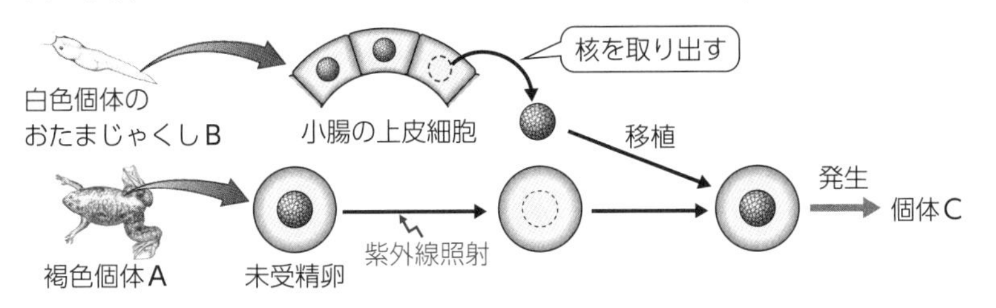

(1)　個体Cの体色を，次の①～③から選べ。
①　白色　　②　褐色　　③　うすい褐色
(2)　この実験の考察として適当なものを，次の①～③から1つ選べ。
①　未受精卵は，核移植を受けたことで，形質転換した。
②　個体Cのすべての体細胞は，核移植後の未受精卵と同じゲノムをもつ。
③　アフリカツメガエルの体色では，白色が褐色に対して顕性である。

66.
(1) 図1
図2
(2)
(3)
(4)
理由
(5)

ヒント
(4)　アの部分では，図2で用いた染色液で赤く染まる物質が盛んに合成されている。

67.
(1)　(2)

ヒント
核移植後の卵に含まれるDNAが，どの個体のものであるかを考える。

リフレクション　Reflection

次の2つの問いについて，それぞれ[　]内の語を用いて答えよ。

❶ タンパク質が合成される過程を説明せよ。　[DNA，転写，mRNA，tRNA]

➡ 書けなかったら… **54，55，64** へ

❷ 多細胞生物の体細胞がさまざまな細胞に分化している理由を説明せよ。　[ゲノム，発現]

➡ 書けなかったら… **59，60** へ

2つとも答えられたら次のテーマへ！

7 第2章 章末問題

学習日 1回目 ／ 2回目 ／

思考

68. DNAとRNAの構造

右図は，1本のヌクレオチド鎖の一部を模式的に示したものである。

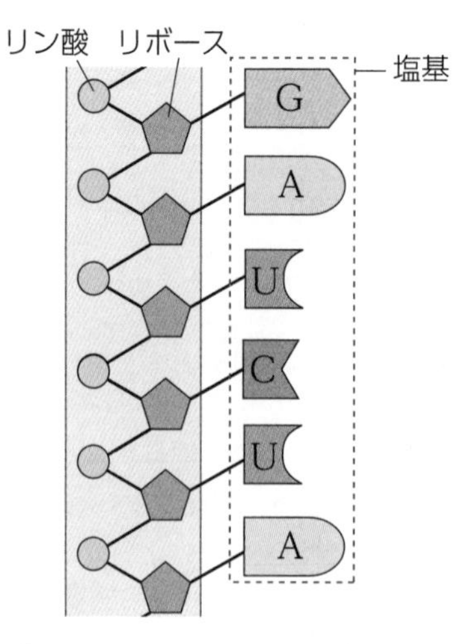

(1) 図は，DNAとRNAどちらのヌクレオチド鎖を示しているか。また，そのように考えられる理由を2つ述べよ。

(2) 図の1本鎖と結合するDNAのヌクレオチド鎖の塩基配列を，上から順にアルファベットで書け。

(3) 塩基の相補性とはどのような性質か説明せよ。

思考 実験・観察 計算 論述

69. 細胞周期

タマネギの根端細胞を酢酸オルセイン溶液で染色し，顕微鏡で観察した。下図のA～Dは，観察された細胞の一部を模式的に示している。また，A～Dと同じ細胞周期の時期にある細胞と，間期にある細胞の数を数えたところ，それぞれ下表のようになった。

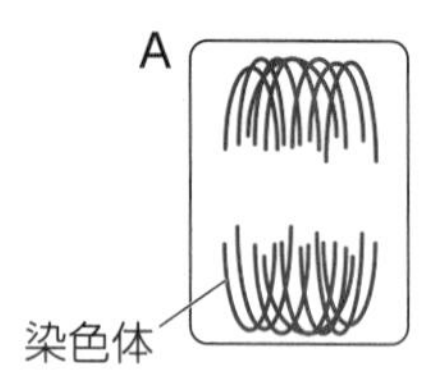

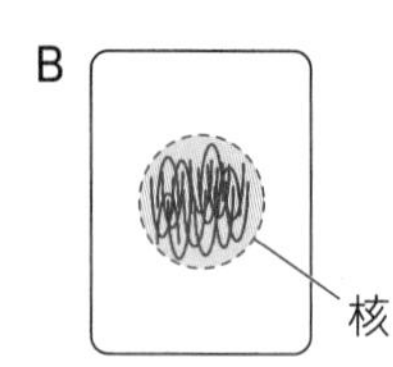

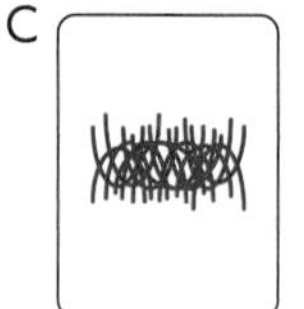

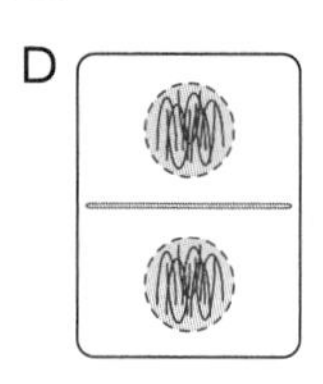

	A	B	C	D	間期
観察された細胞数(個)	1	24	3	2	300

(1) A～Dは，それぞれ前期，中期，後期，終期のどの時期の細胞か。

(2) 細胞周期が22時間のとき，間期や分裂期の各期に要する時間はそれぞれ何分となるか。

(3) 観察された細胞がもつゲノムは，すべて同じか，細胞ごとに異なるか。なお，DNAの複製や分配は全細胞で正常に行われているとする。

(4) ある母細胞から娘細胞が生じるとき，ア G_2期の母細胞・イ 分裂期後期の母細胞・ウ G_1期の娘細胞では，細胞1個がもつ遺伝情報はエ G_1期の母細胞に比べてどのようになるか。次の①～⑤からそれぞれ選べ。

① エと同じ遺伝情報を含むDNAをエと同じ量もつ。
② エとは異なる遺伝情報を含むDNAをエと同じ量もつ。
③ エと同じ遺伝情報を含むDNAをエの2倍量もつ。
④ エとは異なる遺伝情報を含むDNAを2倍量もつ。
⑤ 規則性がないため，判断できない。

(5) 体細胞の多くは，細胞周期を離れて分化している。細胞の分化とはどのような現象か述べよ。

(6) (5)のような細胞は，どのような時期にあるといわれるか。時期の名称を答えよ。

68.

(1)

理由

(2)

(3)

ヒント (1) ヌクレオチド鎖を構成している物質の種類から判断する。

69.

(1) A　B
C　D

(2) 間期
前期
中期
後期
終期

(3)

(4) ア　イ
ウ

(5)

(6)

ヒント (2) 各期の長さは，観察された細胞数に比例すると考えられる。

思考

☐ **70. タンパク質の合成** 下図は，ある2種類のDNAのヌクレオチド鎖の一部を示したものである。下の各問いに答えよ。

A鎖 …GGTACAGCTGCGACACTG…
B鎖 …CCATGTCGACGCTGTGAC…

＊塩基配列は，左から右に向かって読む。

(1) 図のいずれかのヌクレオチド鎖から転写されて得たmRNAの塩基配列が，「AUGUCGACGCUGUGA」であった。鋳型となったのはA鎖とB鎖のどちらか。

(2) 後見返しの遺伝暗号表を参照して，(1)のmRNAの塩基配列が対応するアミノ酸配列を答えよ。

(3) オワンクラゲは，紫外線や青色光が当たると蛍光を発するGFPというタンパク質をもつ。このGFPの遺伝子をもつDNAを取り込ませた大腸菌と取り込ませていない大腸菌に紫外線を当てると，取り込ませた大腸菌のみが蛍光を発した。このことから考察できることを，次の①～③からすべて選べ。

① 真核細胞と原核細胞で，タンパク質の合成のしくみは共通している。
② 大腸菌の形質の決定には，DNAは関わっていない。
③ 大腸菌に形質転換が起こり，GFPを合成するようになった。

70.

(1)

(2)

(3)

ヒント

(1) mRNAの塩基配列と相補的な塩基配列をもつ鎖が鋳型となった鎖である。

思考 実験・観察 論述

☐ **力だめし❷ DNAの複製** 体細胞分裂時のDNAの半保存的複製を確認するために次のような実験を行った。下の各問いに答えよ。

【実験】 1．ふつうの窒素の代わりに，質量の大きい窒素だけを含む培地で何世代も大腸菌を培養し，重い窒素のみをもつ大腸菌を得た。

2．この大腸菌を，ふつうの窒素を含む培地に移して培養した。

3．培地を移した後，1～3回目の細胞分裂を終えた大腸菌のDNAを抽出し，抽出液を塩化セシウム溶液中で遠心分離したところ，右図のように，DNAの重さによっていくつかの層が形成された。

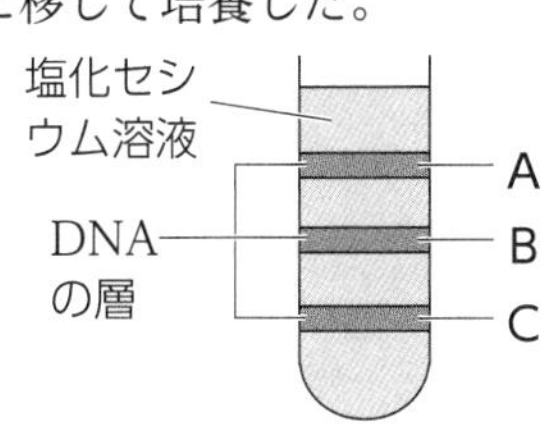

(1) 遠心分離で形成されたA～Cの層は，それぞれどの重さのDNAによるものか。次の①～③から選べ。

① 重いDNA　② 中間の重さのDNA　③ 軽いDNA

(2) 1～3回目の分裂を終えた大腸菌は，(1)のA～CのDNAをどのような割合でもつか。A：B：Cの比を次の①～④からそれぞれ選べ。

① 0:0:1　② 0:1:0　③ 1:1:0　④ 3:1:0

(3) Bの位置に層を形成するDNAがつくられるしくみとして正しいものを次の①～③から選べ。

① 培地中のふつうの窒素が，DNA中の重い窒素を分解する。
② 重い窒素を含むDNAを鋳型として，培地中のふつうの窒素を用いて新たなヌクレオチド鎖が合成される。
③ 元のDNAの重い窒素が，徐々にふつうの窒素と置き換えられる。

(4) DNAの複製において，新しく形成されるヌクレオチド鎖の塩基配列は，どのように決められるか答えよ。

力だめし❷

(1) A

B

C

(2) 1回目

2回目

3回目

(3)

(4)

ヒント

(2) このとき，ふつうの窒素を含む培地で細胞分裂をはじめる前の大腸菌のDNAは，重い窒素のみを含んでいる。

8 恒常性と神経系・内分泌系

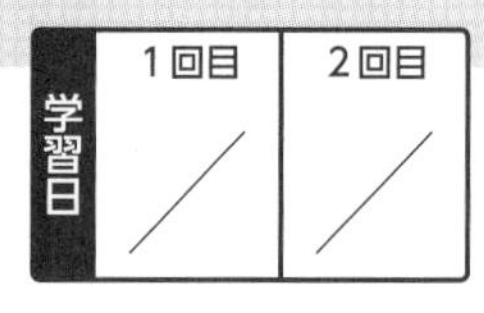

学習のまとめ

1 からだの調節

私たちのからだをつくる細胞は，組織液などの**体液**と呼ばれる液体に浸されている。体液は，細胞にとっての環境であり，からだを取り巻く外部環境に対して（1　　　　　）と呼ばれる。

（2　　　　　　）…体内の状態を一定の範囲内に保つ性質。ヒトのからだは，外部環境の変化による影響を日頃絶えず受けているが，（1　　　　　）はさまざまな器官の働きによって，意思とは無関係に安定に保たれている。

2 体液の種類

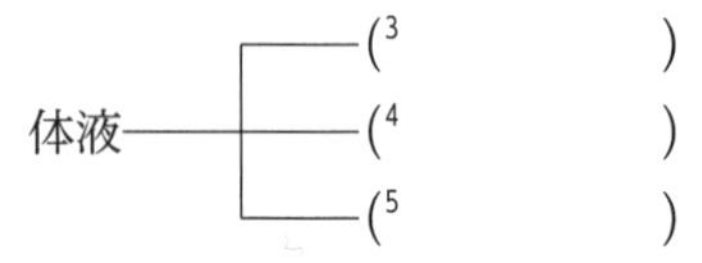

体液の液体成分は，血管，組織の細胞間，リンパ管内を移動している。

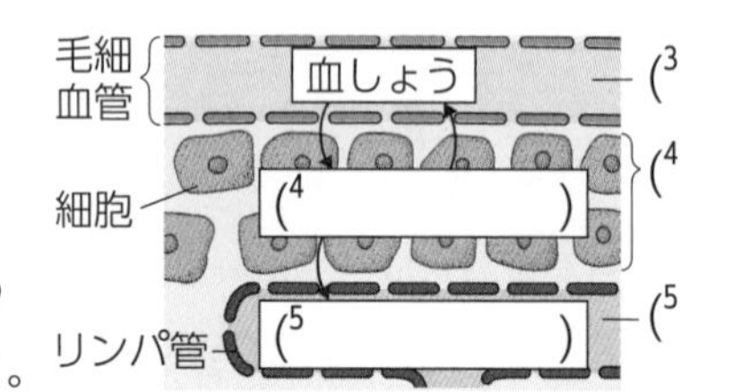

（3　　　　　）：血管内を流れる。
（4　　　　　）：組織の細胞に直接触れている。
（5　　　　　）：リンパ管内を流れる。

3 ヒトの神経系

神経細胞（ニューロン）などで構成される器官をまとめて（6　　　　　）という。

ヒトの（6　　　　　）は，脳と脊髄からなる（7　　　　　　）と，体性神経系と（8　　　　　　）からなる**末梢神経系**とに分けられる。（8　　　　　　）には，（9　　　　　）神経と（10　　　　　）神経がある。

中枢神経系の脳は，大脳，小脳，（11　　　　　）に分けられ，それぞれが中枢として異なる働きを持っている。（11　　　　　）は，間脳，中脳，延髄などから構成されており，生命維持の中枢として重要な働きを担っている。

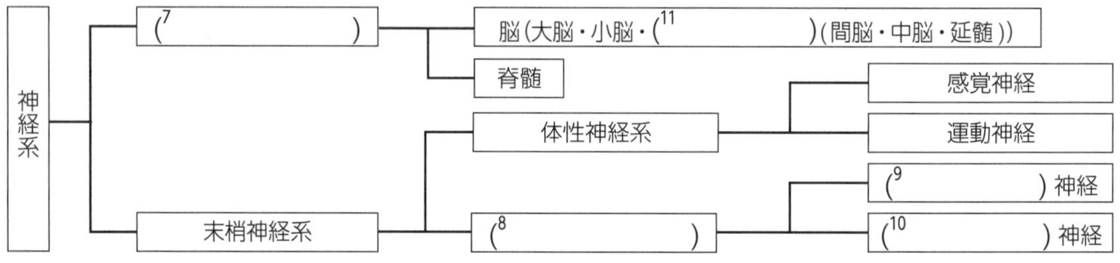

4 自律神経系の働きと構造

自律神経系は，（12　　　　　　）の（13　　　　　　）などによって支配されており，意思とは（14　　　　　）に働く。自律神経のうち，活動時には（9　　　　　）神経が優位となり，安静な状態では（10　　　　　）神経が優位になる。これらの神経は同じ器官に分布していることが多く，互いに（15　　　　　）作用を現して，器官の働きを調節している。

心臓は，外部から刺激を与えられなくても一定のリズムで拍動する性質をもっている。これは大静脈と（16　　　　　）の境界付近にある，（17　　　　　　　）と呼ばれる部分から心臓全体に拍動の周期を維持する信号が出ているためである。自律神経系は，この部分に作用することで，心臓の拍動を調節している。

分布器官	交感神経	副交感神経
眼(瞳孔)	([18])	([19])
皮膚(立毛筋)	([20])	分布なし
心臓(拍動)	([21])	([22])
気管支	拡張	収縮
皮膚(血管)	([23])	分布なし
胃(ぜん動)	([24])	([25])
副腎(髄質) (ホルモン分泌)	促進	分布なし
ぼうこう(排尿)	([26])	([27])

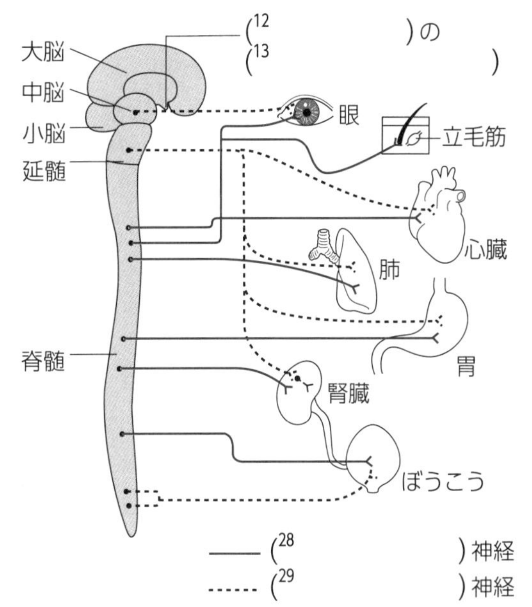

5 内分泌系とホルモン

内分泌系では，([30])と呼ばれる器官から([31])中に分泌される**ホルモン**と呼ばれる物質が細胞間の情報伝達を担う。ホルモンは，([31])の循環によって全身に運ばれ，微量で特定の器官や組織に作用し，その働きを調節する。ホルモンが作用する器官は([32])と呼ばれ，特定のホルモンと結合する([33])をもつ細胞(**標的細胞**)が存在する。

❶神経分泌細胞

脳の神経細胞がホルモンを分泌する現象を([34])という。間脳の視床下部の**神経分泌細胞**には，([35])に作用する放出ホルモンや放出抑制ホルモンを分泌して，そのホルモン分泌を調節するものがある。また，([36])まで伸びているものもあり，([37])などのホルモンを直接ここで分泌している。

❷ホルモン分泌の調節

最終的につくられた物質や生じた結果が，反応の前の段階(原因)にさかのぼって作用するしくみを([38])という。ホルモンの分泌量は，ふつう，このしくみによって調節されている。特に，作用が抑制的に働く場合は，負の([38])と呼ばれる。

6 自律神経系と内分泌系の働きの違い

	自律神経系	内分泌系
情報の伝わり方	神経が直接器官に情報を伝える。	標的器官にホルモンが運ばれる。
反応が起こるまでの時間	([39])	([40])
効果の持続性	効果は([41])時間	効果は([42])的

解答

1：体内環境　2：恒常性(ホメオスタシス)　3：血液　4：組織液　5：リンパ液　6：神経系　7：中枢神経系　8：自律神経系
9：交感　10：副交感　11：脳幹　12：間脳　13：視床下部　14：無関係　15：反対の(きっ抗)　16：右心房
17：ペースメーカー　18：拡大　19：縮小　20：収縮　21：促進　22：抑制　23：収縮　24：抑制　25：促進　26：抑制　27：促進
28：交感　29：副交感　30：内分泌腺　31：血液　32：標的器官　33：受容体　34：神経分泌　35：脳下垂体前葉
36：脳下垂体後葉　37：バソプレシン　38：フィードバック　39：短い　40：長い　41：短　42：持続

知識

71. 体内環境と恒常性

体内環境について，次の各問いに答えよ。

(1) 次の文章中の空欄に当てはまる語を，下の[語群]からそれぞれ選べ。

多細胞生物の体内の細胞は，まわりが(　ア　)と呼ばれる液体で満たされている。この(　ア　)は体内環境と呼ばれる。外部環境が変化しても，その成分濃度や温度は(　イ　)とは無関係に，常に安定に維持されている。この性質を(　ウ　)という。脊椎動物の(　ア　)は，体内を循環し，呼吸に用いられる(　エ　)，各種の(　オ　)などを全身の細胞に供給する。また全身の細胞から(　カ　)を運び去る。

[語群]　酸素　体液　栄養分　老廃物　恒常性　意思

(2) 次の①～④の文のうち，正しいものを1つ選べ。

① アメーバのような単細胞生物は，外部環境の影響を受けない。
② 組織液は，血液の液体成分が血管壁からしみ出したものである。
③ ヒトでは，体内環境の温度変化は，外部環境の変化よりも大きい。
④ 運動をすると，血中の二酸化炭素の濃度変化の情報が直接脚に伝えられ，心臓の拍動が変化する。

71.
(1) ア ____
イ ____
ウ ____
エ ____
オ ____
カ ____
(2) ____

ヒント
(2) アメーバなどの単細胞生物は，細胞が直接外部環境に接している。

知識

72. 体液の種類

脊椎動物の体液について述べた次の文章中の空欄(　ア　)～(　ウ　)に当てはまる語を答えよ。

体液は，大きく3つに分けることができるが，そのうち血管内を流れるものを(　ア　)という。(　ア　)の液体成分である血しょうの一部は，毛細血管の壁からしみ出て組織や器官の間を満たす(　イ　)となる。(　イ　)は，大部分は毛細血管に戻るが，一部はリンパ管内に入って(　ウ　)となる。

72.
ア ____
イ ____
ウ ____

知識

73. ヒトの神経系

神経系について，次の各問いに答えよ。

(1) 次のア～エは，神経系の構成について述べたものである。それぞれの神経系として適当なものを，下の①～④からそれぞれ選べ。

ア．交感神経と副交感神経からなる神経系。
イ．感覚神経と運動神経からなる神経系。
ウ．アとイからなる神経系。　エ．脳と脊髄からなる神経系。

① 中枢神経系　② 自律神経系
③ 体性神経系　④ 末梢神経系

(2) 右図中のa～eの名称を，次の①～⑤からそれぞれ選べ。

① 大脳　② 中脳　③ 小脳
④ 間脳　⑤ 延髄

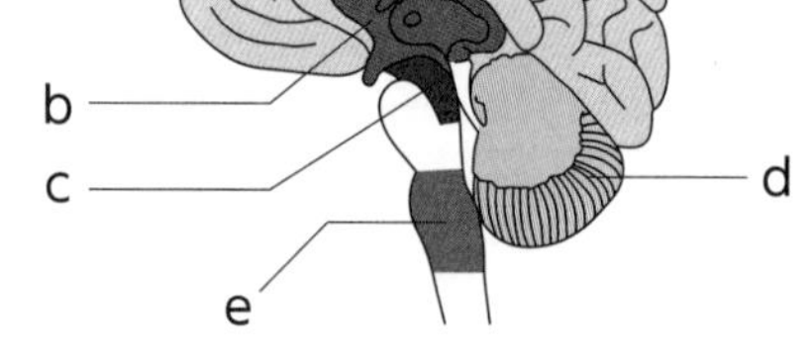

(3) 次のA～Dの文章は，図のa～eのうちどの部分の機能や特徴を示しているかそれぞれ選べ。

A．心臓の拍動，呼吸運動，消化管運動などを支配する中枢がある。
B．からだの平衡を保つ中枢があり，筋運動を調節する。
C．自律神経の最高中枢として体温などの調節を支配している。
D．感覚や随意運動，記憶，思考，感情などの中枢が存在する。

73.
(1) ア ____
イ ____
ウ ____
エ ____
(2) a ____ b ____
c ____ d ____
e ____
(3) A ____
B ____
C ____
D ____

知識

74. 脳と体内環境の維持　脳死について述べた次の文章中の空欄(ア)～(エ)に当てはまる語を，下の①～④からそれぞれ選べ。

間脳，中脳，延髄などから成る部分を(ア)という。心臓の拍動や呼吸運動をつかさどる中枢であり，(イ)に関わる。(ア)と大脳の機能が消失している状態は(ウ)と呼ばれ，自力での(エ)が困難である。一方，大脳だけ機能が停止し，(ア)の機能が停止していない状態では，自発的に(エ)ができる。

①　脳死　　②　呼吸　　③　脳幹　　④　恒常性

知識

75. 自律神経系　自律神経系について述べた次の文章中の空欄(ア)～(カ)に当てはまる語を，下の[語群]からそれぞれ選べ。

自律神経には，脊髄から出る(ア)と，中脳・延髄および脊髄の末端から出る(イ)があり，この両方が各器官に分布して，きっ抗的に働いている。たとえば，眼に分布する自律神経のうち，(ア)は瞳孔を(ウ)させ，(イ)は瞳孔を(エ)させる。自律神経は，情報を直接器官に伝えるため，(オ)作用し，効果が持続する時間が(カ)。

[語群]　拡大　縮小　ゆっくりと　すばやく
交感神経　副交感神経　長い　短い

知識

76. 自律神経系の構造　自律神経系について，次の各問いに答えよ。

(1)　自律神経系の働きを調節する部位がある部分を，図のa～dから1つ選べ。また，その部位の名称を次の①～④から1つ選べ。

①　中脳　　②　大脳
③　延髄　　④　間脳の視床下部

(2)　次の①～④のうち，**誤っているもの**を1つ選べ。

①　e，fは，同じ器官には分布していないことが多い。
②　eは交感神経を示している。
③　fは，中脳や延髄，脊髄の末端から出ている。
④　e，fの働きは，意志とは無関係に調節されている。

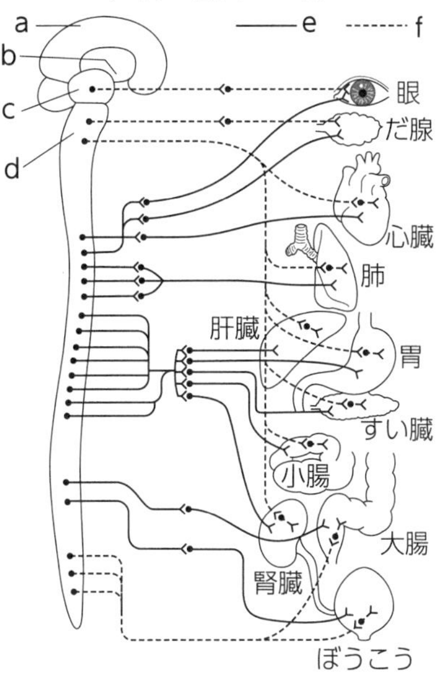

知識

77. 自律神経系の働き　次の①～⑩の現象のうち，交感神経の働きによるものと，副交感神経の働きによるものをそれぞれ3つずつ選べ。

①　鳥肌が立つ。　　②　クイズに答える。
③　瞳孔が拡大する。　　④　静かに読書をする。
⑤　手足を動かす。　　⑥　気管支が収縮する。
⑦　心臓の拍動数が増加する。　　⑧　排尿が促進される。
⑨　胃のぜん動が活発になる。　　⑩　足の裏に痛みを感じる。

74.
ア
イ
ウ
エ

ヒント
脳の各部にはさまざまな役割があり，延髄には呼吸運動や心臓の拍動などを調節する中枢が存在している。

75.
ア
イ
ウ
エ
オ
カ

76.
(1) 場所
名称
(2)

77.
交感神経：
副交感神経：

鳥肌が立つのは立毛筋が収縮するためである。

78. 知識 **心臓の拍動調節のしくみ** 下図は，運動に伴う心臓の拍動調節の過程を示している。次の各問いに答えよ。

(1) 運動に伴う血中の二酸化炭素濃度の変化について，図中のア，イに入る語として適当なものを，それぞれ選べ。
① 上昇 ② 低下 ③ 変化なし

(2) 血液中の二酸化炭素濃度の変化が延髄の拍動中枢に働き，心拍数を変化させる。図中のウ，エに入る語として適当なものを，それぞれ選べ。
① 増加 ② 減少 ③ 変化なし

(3) 心拍数の調節に関与する，自律神経A，Bはそれぞれ何か答えよ。

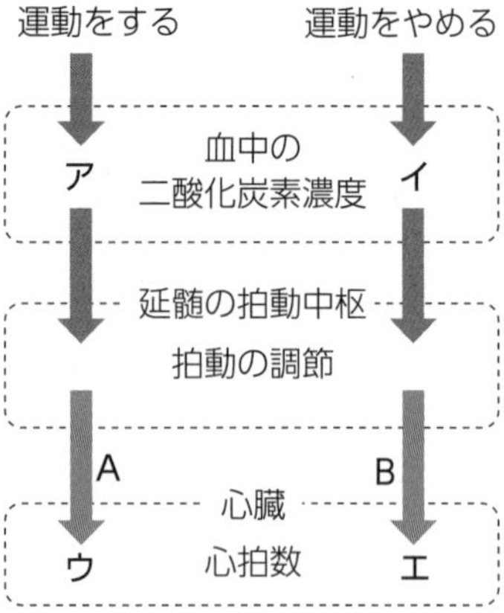

(4) 心臓は(3)のような神経系の刺激を与えられなくても一定のリズムで拍動する性質をもっている。この性質を支えている部分を何というか。

78.
(1) ア
イ
(2) ウ
エ
(3) A
B
(4)

79. 知識 **内分泌系** 内分泌系に関する次の各問いに答えよ。

(1) 次の①～⑥のうち，ホルモンの特徴として**誤っているもの**を3つ選べ。
① 組織の細胞間を満たす体液中に直接分泌される。
② 微量で作用する。
③ 自律神経が分布している器官には，ホルモンは作用しない。
④ 自律神経系による調節と比べ，反応が起こるまでに時間がかかる。
⑤ 1つの器官には，1つのホルモンのみが作用する。
⑥ 脳の神経細胞から分泌されるものがある。

(2) ホルモンを分泌する内分泌腺に対して，からだの表面や消化管内に汗や消化液などを分泌する腺もある。その名称を答えよ。

79.
(1)
(2)

80. 知識 **ホルモン分泌の調節** 下図は甲状腺におけるホルモンの分泌について示したものである。次の各問いに答えよ。

(1) 図中のホルモンa，bは何か。次の①～③からそれぞれ選べ。
① 甲状腺刺激ホルモン
② チロキシン ③ バソプレシン

(2) 図中のA，Bはホルモンの分泌に関わる部位を示している。これらの名称を次の①～④からそれぞれ選べ。
① 間脳の視床下部 ② 小脳
③ 脊髄 ④ 脳下垂体前葉

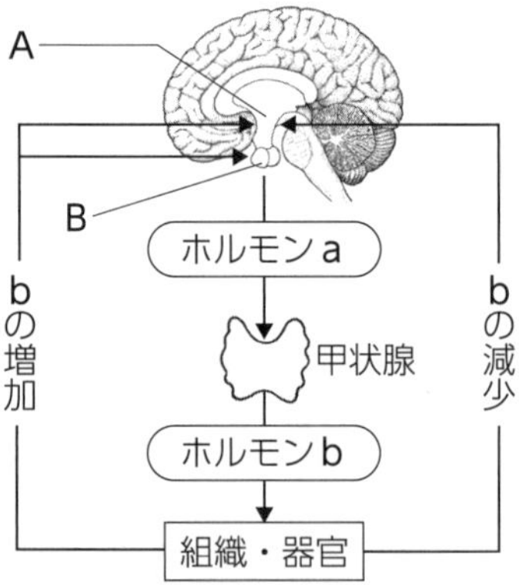

(3) 次の場合，ホルモンa，bの分泌量はどうなるか。①，②のうち，正しい方をそれぞれ選べ。
ア．ホルモンbの増加→ホルモンaの(①増加・②減少)
イ．ホルモンbの減少→ホルモンaの(①増加・②減少)

(4) 図のように，結果が原因にさかのぼって働くしくみを何というか。

80.
(1) a
b
(2) A
B
(3) ア
イ
(4)

ヒント
ホルモンaは，甲状腺に働きかけてホルモンbの分泌を促す。

思考　実験・観察　論述

81. 心拍数の変化

次の表は，ある人の踏み台昇降運動前後の心拍数を測定した結果である。下の各問いに答えよ。

	運動前	運動直後	1分後	2分後	3分後
20秒間の心拍数	25	36	28	26	24

(1) 踏み台昇降運動直後に被験者の心拍数が急激に増加した。この理由として，血液中に含まれるある気体の濃度が高くなったことが予想された。この血液中に含まれる気体とは何か。
(2) 踏み台昇降運動をやめると，心拍数はどのように変化したか。
(3) 表のように心拍数が変化した理由として，①運動をしているときと②運動をやめたあとで，自律神経系のうちどちらの神経が優位に働いたためと考えられるか。それぞれ答えよ。

思考　論述

82. 間脳の視床下部の働き

間脳の視床下部の働きに関する次の文章を読んで，下の各問いに答えよ。

体内環境を一定の範囲内に保つ性質を恒常性といい，神経を介して情報を伝達する(　ア　)と，ホルモンを介して情報を伝達する(　イ　)が働いている。どちらも(　ウ　)によって支配されているが，情報伝達の特徴から(　ア　)の効果が現れている時間は(　エ　)時間で，(　イ　)の効果は(　オ　)的という違いがみられる。

(1) 文章中の空欄(　ア　)～(　オ　)に当てはまる語を答えよ。
(2) 間脳の視床下部の神経分泌細胞が分泌するホルモンはどれか。
　① チロキシン　② アドレナリン　③ バソプレシン
(3) 間脳の視床下部が分泌するホルモンの作用によって，各種の内分泌腺を刺激するホルモンを分泌する器官はどこか。
(4) 下線部のように，ホルモンを介した情報の伝達には，神経を介した情報の伝達とは異なる特徴がみられる。下線部で述べたこと以外の違いを，理由とともに簡潔に説明せよ。

81.
(1)
(2)
(3) ①
②

ヒント
(3) それぞれ活動状態と安静な状態のどちらであるかを考える。

82.
(1) ア
イ
ウ
エ
オ
(2)
(3)
(4)

ヒント
(4) 神経は，器官に直接情報を伝える。

リフレクション　Reflection

次の2つの問いについて，それぞれ[ ]内の語を用いて答えよ。

❶ 恒常性(ホメオスタシス)を説明せよ。　[体内環境，意思とは無関係に]

➡ 書けなかったら… 71 へ

❷ 交感神経と副交感神経の作用の特徴を説明せよ。　[活動状態，安静な状態，きっ抗的に作用]

➡ 書けなかったら… 75，76 へ

2つとも答えられたら次のテーマへ！

9 体内環境の維持のしくみ

学習日	1回目	2回目
	／	／

学習のまとめ

1 血糖濃度の調節

血液中に含まれる([1]　　　　)を**血糖**といい，空腹時の血糖濃度は質量％で約0.1％(血液 100 mL 当たり約([2]　　　　)mg)である。血糖濃度は，その変化が間脳の([3]　　　　)によって感知され，自律神経系と内分泌系を通じて，下図のようなしくみで一定の範囲内に保たれている。

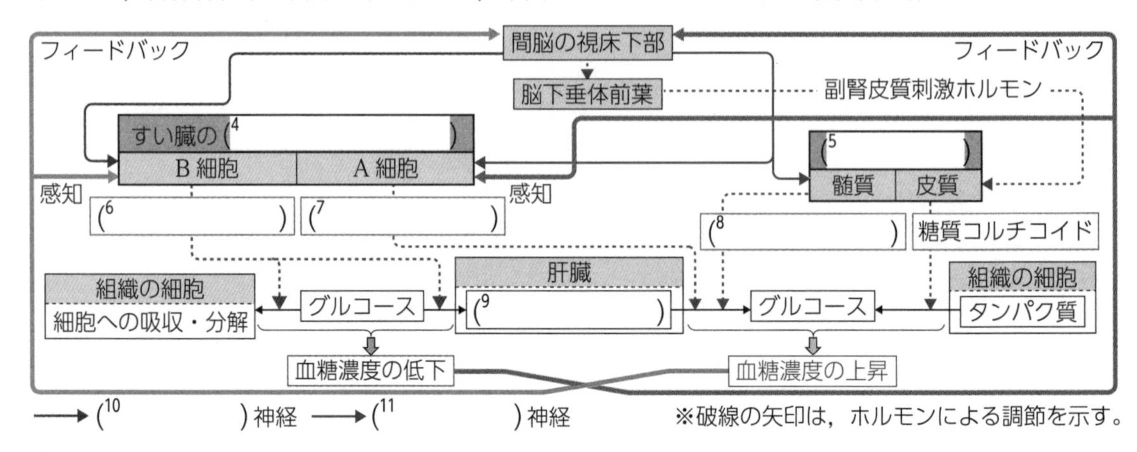

⟶ ([10]　　　　)神経　⟶ ([11]　　　　)神経　※破線の矢印は，ホルモンによる調節を示す。

❶血糖濃度調節の異常による病気

([12]　　　　)…血糖濃度が高い状態が続く病気。原因によって 2 種類に分けられる。

- 1 型糖尿病…すい臓の([13]　　　　)が破壊されることによって([14]　　　　)が分泌されなくなって起こる。
- 2 型糖尿病… 1 型糖尿病以外の原因で([14]　　　　)の分泌量が減少したり，([15]　　　　)が([14]　　　　)に反応しなくなったりして起こる。

([12]　　　　)は，さまざまな([16]　　　　)を引き起こす。([17]　　　　)の状態が長期間続くと，血管が傷ついて，網膜や腎臓の組織が傷害を受けたり，([18]　　　　)によって心筋梗塞や脳梗塞などが引き起こされたりする。

❷糖尿病と腎臓の働き

血糖濃度が一定以上になると，尿中にグルコースが排出される。これには腎臓の働きが大きく関わっている。

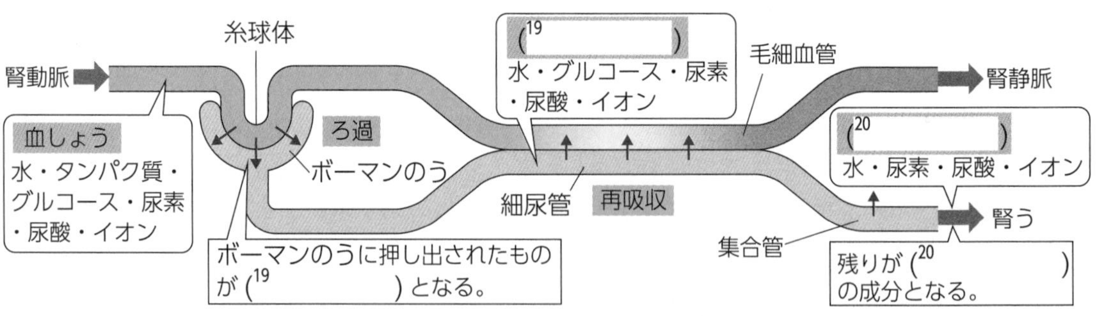

糖尿病のように高血糖の状態になると，腎臓でのグルコースの([21]　　　　)が間に合わなくなる。そのため，([21]　　　　)されなかったグルコースが尿中に排出されるようになる。

☑ 2 体温の調節

哺乳類や鳥類のような恒温動物の体温は，体温調節の中枢である間脳の(22　　　　　)に感知される。体温が低下した場合には，下図のようなしくみで体温が調節される。

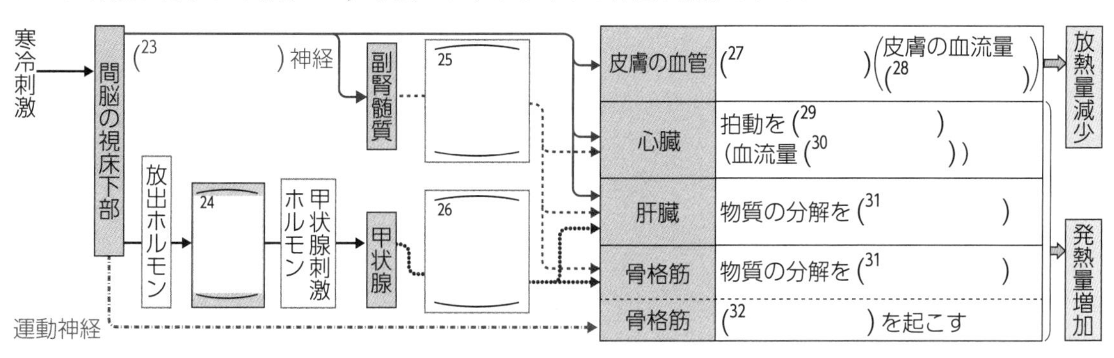

体温が上昇した場合には，副交感神経の働きで心臓の拍動が(33　　　　)され，肝臓での代謝が(34　　　　)されることで，発熱量が(35　　　　)する。また，体表の血管の(36　　　　)や交感神経を通じた発汗の(37　　　　)によって放熱量が増加する。

☑ 3 血液の働きと成分

血液は，細胞成分である(38　　　　)と液体成分である(39　　　　)からなる。すべての(38　　　　)は，骨の内部の(40　　　　)に存在する造血幹細胞からつくられる。

	名称	大きさ(直径)	数(個／μL)	機能
細胞成分((38　　))	(41　　　)	7〜8 μm	380万〜570万	(42　　　)の運搬
	(43　　　)	6〜15 μm	4000〜9000	免疫に関与
	(44　　　)	2〜4 μm	15万〜40万	(45　　　)に関与
液体成分	(46　　　)	タンパク質やホルモン，グルコース，二酸化炭素などの運搬。		

☑ 4 血液凝固と線溶

❶血液凝固のしくみ

出血→血管の破れたところに**血小板**が集まって塊をつくる。

→血小板から放出される**凝固因子**と，血しょう中に含まれる別の**凝固因子**によって(47　　　　)という繊維状のタンパク質が形成される。

→(48　　　　)((47　　　　)＋**血球**)がつくられ，傷口をふさぐ。→**止血**

採血した血液を試験管に入れて静置すると，(49　　　　)が起こり，(48　　　　)が沈殿する。このとき(48　　　　)とならない淡黄色の液体は，(50　　　　)と呼ばれる。

❷フィブリンの溶解

(48　　　　)による止血の間に血管が修復される。血管が修復される頃に，(47　　　　)を分解する酵素の働きによって(48　　　　)は溶解される。これを(51　　　　)という。

解答

1：グルコース　2：100　3：視床下部　4：ランゲルハンス島　5：副腎　6：インスリン　7：グルカゴン　8：アドレナリン　9：グリコーゲン　10：副交感　11：交感　12：糖尿病　13：ランゲルハンス島B細胞　14：インスリン　15：標的細胞　16：合併症　17：高血糖　18：動脈硬化　19：原尿　20：尿　21：再吸収　22：視床下部　23：交感　24：脳下垂体前葉　25：アドレナリン　26：チロキシン　27：収縮　28：減少　29：促進　30：増加　31：促進　32：ふるえ　33：抑制　34：抑制　35：減少　36：拡張　37：促進　38：血球　39：血しょう　40：骨髄　41：赤血球　42：酸素　43：白血球　44：血小板　45：血液凝固　46：血しょう　47：フィブリン　48：血ぺい　49：血液凝固　50：血清　51：線溶(フィブリン溶解)

基本問題

知識

83. 血糖濃度　次の文章中の空欄(　ア　)～(　オ　)に当てはまる語を，下の[語群]からそれぞれ選べ。

血液中のグルコースは(　ア　)と呼ばれる。ヒトの(　ア　)濃度は，ふつう血液100 mL当たり約(　イ　)mgである。(　ウ　)の細胞は，特に多くのグルコースを消費しているため，(　ア　)濃度が大幅に低い状態が続くと意識喪失などの症状が現れる。逆に，(　ア　)濃度が高くなりすぎると，腎臓でグルコースを再吸収しきれなくなり，糖を含む(　エ　)が排出される。このような高血糖の状態が続く病気を(　オ　)という。

[語群]　尿　10　100　脳　血糖　糖尿病

83.
ア
イ
ウ
エ
オ

知識

84. 高血糖での調節　高血糖になったときに体内で起こる調節として**誤っているもの**を，次の①～⑤からすべて選べ。

① 肝臓内でグリコーゲンが合成される。
② 間脳の視床下部が感知し，交感神経を通じてすい臓を刺激する。
③ すい臓のランゲルハンス島B細胞からインスリンが分泌される。
④ ランゲルハンス島B細胞は，血糖濃度の変化を自ら感知する。
⑤ タンパク質からのグルコースの合成が促進される。

84.

知識

85. 低血糖での調節　次の文章中の空欄(　ア　)～(　キ　)に当てはまる語を，下の[語群]からそれぞれ選べ。

グルコースが消費され，血糖濃度が低下した血液が間脳の視床下部に達すると，交感神経を介してすい臓の(　ア　)のA細胞から(　イ　)の分泌が促進される。また，副腎髄質から(　ウ　)が分泌される。これらのホルモンの働きで，肝臓に貯えられている(　エ　)がグルコースに分解され，血液中に放出されて血糖濃度が上昇する。さらに，極度の低血糖が続くと，(　オ　)から分泌される副腎皮質刺激ホルモンによって副腎皮質から(　カ　)が分泌されて(　キ　)からのグルコース合成が促進され，血糖濃度が上昇する。

[語群]　グリコーゲン　タンパク質　ランゲルハンス島
アドレナリン　糖質コルチコイド　脳下垂体前葉
グルカゴン　間脳の視床下部

85.
ア
イ
ウ
エ
オ
カ
キ

知識

86. インスリンの働き　健康なヒトと糖尿病のヒトについて，下図のaは食事をしてからの血糖濃度の変化，bは血液中のホルモンXの濃度の変化を示している。

(1) 図中のア，イのうち，糖尿病のヒトのグラフを選べ。

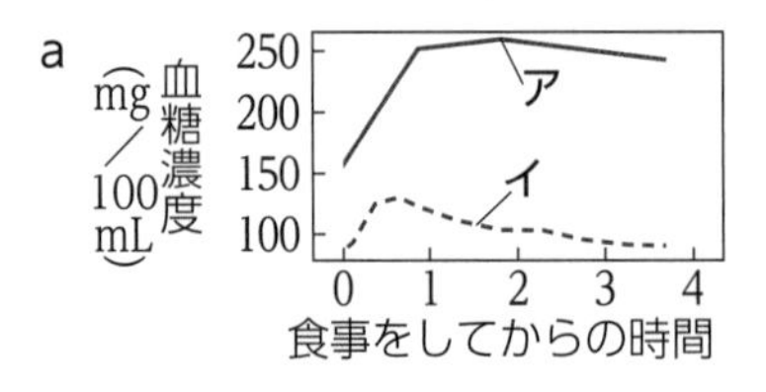

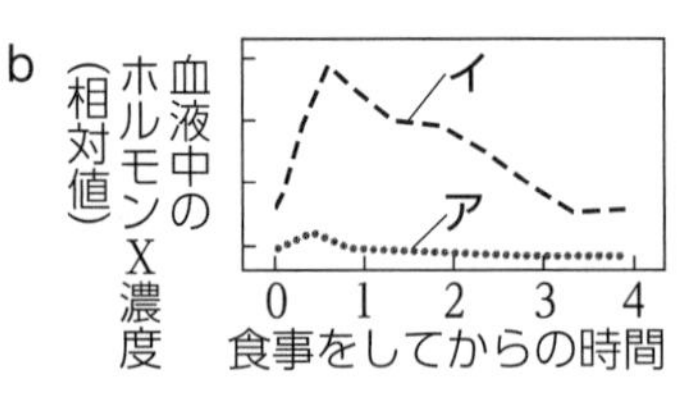

(2) ホルモンXは何か。次の①～③から選べ。
① グルカゴン　② アドレナリン　③ インスリン

86.
(1)
(2)

📖知識

87. 血糖濃度の調節のしくみ

下図は，血糖濃度調節の模式図である。下の各問いに答えよ。

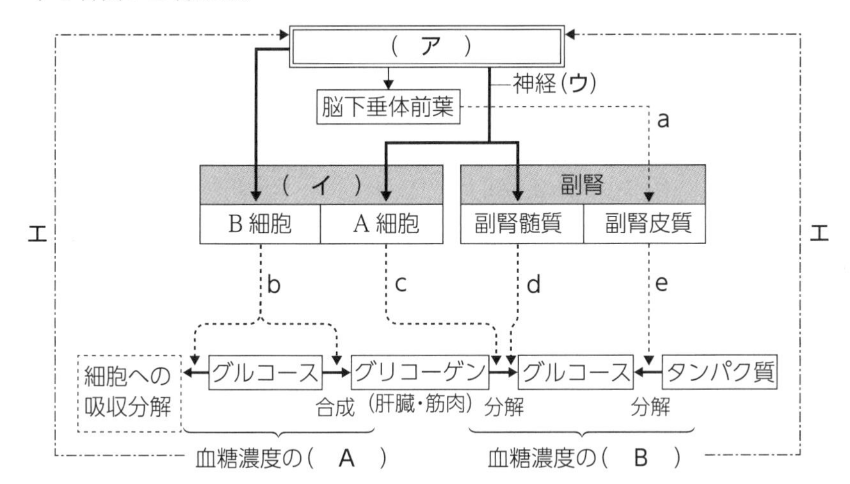

(1) 図中のア，イに当てはまる部分の名称を答えよ。

(2) 図中のウに当てはまる神経の名称を答えよ。

(3) 図中a～eに当てはまるホルモンの名称を次の[語群]から選べ。

[語群]　バソプレシン　アドレナリン　糖質コルチコイド　インスリン　グルカゴン　副腎皮質刺激ホルモン

(4) 図中A，Bに入る血糖濃度の変化を表す語をそれぞれ答えよ。

(5) エのように，調節によって血糖濃度が変化した結果が反応の前の段階にさかのぼって作用する。このようなしくみを何というか。

87.
(1)ア
イ
(2)
(3) a
b
c
d
e
(4) A
B
(5)

ヒント
(4) 血糖濃度を低下させるホルモンは１種類である。

📖知識

88. 血糖濃度の調節

血糖濃度の調節のしくみについて説明した次の①～⑤の文のうち，正しいものには○，誤っているものには×を記せ。

① 血糖濃度が上昇すると，グルコースからのグルカゴンの合成が促進される。

② 血糖濃度が上昇すると，体内でのすべての化学反応が抑制される。

③ 血糖濃度が低下すると，グリコーゲンの分解が促進される。

④ 運動などで血糖濃度が低下すると，アドレナリンが分泌される。

⑤ すい臓は間脳の視床下部からの刺激がなくても，血糖濃度の調節に関するホルモンの分泌を調節することができる。

88.
①
②
③
④
⑤

📖知識

89. 糖尿病

糖尿病について述べた次の①～⑤の文のうち，下線部が正しいものには○を，誤っているものには正しい内容をそれぞれ記せ。

① 糖尿病は，血糖濃度が正常に<u>上昇</u>しなくなる病気である。

② 糖尿病のヒトでは，尿中に<u>グルコース</u>が排出されることがある。

③ １型糖尿病は，すい臓のランゲルハンス島<u>A細胞</u>が破壊されて，そこからのホルモンが分泌されなくなることで起こる。

④ <u>２型糖尿病</u>には，ホルモンは正常に分泌されるが，標的細胞がホルモンに反応しにくくなることが原因となる場合もある。

⑤ ２型糖尿病の治療には，<u>インスリン</u>投与のほかに，食事や運動などの見直しが必要である。

89.
①
②
③
④
⑤

知識

90. 糖尿病における尿の生成

次の文章中の空欄(ア)～(キ)に当てはまる語を，下の[語群]からそれぞれ選べ。

糖尿病のヒトは，尿中へグルコースが排出されることがある。これには，(ア)の働きが大きく関わっている。

ヒトの(ア)は，背骨をはさんで左右に1つずつ存在している。尿は，(ア)の(イ)と呼ばれる機能上の単位において，血液成分の(ウ)と(エ)の過程を経て生成される。(イ)は，糸球体，ボーマンのう，細尿管で構成されている。

(ウ)の過程では，糸球体から血しょうの一部が血圧によってボーマンのうにこし出され，(オ)がつくられる。その後(エ)の過程で，ボーマンのうへこし出された成分のうち，(カ)やイオン，水は毛細血管に(エ)される。

(カ)はふつうすべて(エ)されるが，糖尿病のように血糖濃度が正常に低下しなくなり，(キ)の状態になると，(エ)が間に合わなくなり(カ)は尿中に排出されてしまう。

[語群]　グルコース　腎臓　高血糖　低血糖　ろ過
タンパク質　原尿　再吸収　ネフロン

知識

91. 腎臓の構造と働き

下図は，ヒトの腎臓の一部を模式的に示している。次の各問いに答えよ。

(1) 図中のA～Dの各部分，およびA・B・Cをあわせたものの名称を，次の①～⑤からそれぞれ選べ。

① ネフロン　② 糸球体
③ 毛細血管　④ 細尿管
⑤ ボーマンのう

(2) 次のa，bに該当する物質を，下の①～④からそれぞれ選べ。

a．血液がろ過されるとき，Bへ押し出されない物質
b．Bへ押し出されるが，再吸収され，尿には含まれない物質

① グルコース　② 尿酸　③ 尿素　④ タンパク質

(3) AからBへ押し出されたろ液の成分のなかで，再吸収されにくいものの組み合わせとして正しいものを次の①～⑤から1つ選べ。

① グルコース，尿酸　② 水，イオン　③ 尿酸，尿素
④ 尿酸，イオン　⑤ 水，タンパク質

知識

92. 体温が上昇した場合の体温調節

体温が上昇した場合の調節として正しいものを，次の①～⑤から1つ選べ。

① 体表の血管が収縮する。
② 副交感神経の働きで，心拍数が増加する。
③ 汗腺からの発汗がさかんになる。
④ 肝臓での物質の分解が促進され，発熱量が減少する。
⑤ 運動神経の作用で，骨格筋でふるえが起こる。

90.
ア
イ
ウ
エ
オ
カ
キ

91.
(1) A
B
C
D
A・B・C
(2) a
b
(3)

92.

ヒント
発熱量を減少させ，放熱量を増加させる働きがみられる。

☐ **93.** 📖知識 **寒冷刺激に対する体温調節**　下図は，寒いときに体温を調節するしくみを模式的に示している。これについて，下の各問いに答えよ。

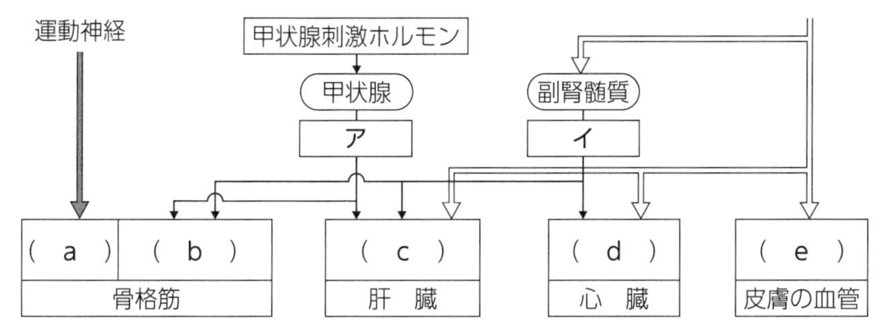

(1)　図の白い矢印が示す自律神経の名称を，次の①～④から選べ。
　①　感覚神経　　②　体性神経　　③　交感神経　　④　副交感神経

(2)　図中のア，イは，体温調節に関わるホルモンを示す。各ホルモンの名称を次の[語群 1]からそれぞれ選べ。
　[語群 1]　　チロキシン　　鉱質コルチコイド　　アドレナリン

(3)　図中のa～eに当てはまる各組織や器官の反応を，次の①～⑦からそれぞれ選べ。ただし，同じものを何度選んでもよい。
　①　物質の分解を促進　　②　物質の分解を抑制　　③　拍動を促進
　④　拍動を抑制　　⑤　収縮　　⑥　拡張　　⑦　ふるえ

(4)　ヒトは，図に示された各組織や器官の働きによって寒さに対する体温調節を行っている。このとき，A 発熱量が増加する反応と，B 放熱量を減少させる反応がある。A，Bに該当する反応を，図中のa～eからそれぞれすべて選べ。

(5)　1 体温の変化を感知する部位と，2 甲状腺刺激ホルモンを分泌する部位を，下の[語群 2]から選べ。
　[語群 2]　　間脳の視床下部　　脳下垂体前葉　　脳下垂体後葉

93.
(1)
(2) ア
　イ
(3) a
　b
　c
　d
　e
(4) A
　B
(5) 1
　2

☐ **94.** 📖知識 **血液の凝固**　次の文章を読み，下の各問いに答えよ。

私たちが出血したときには，(　ア　)が凝固して出血を止めるしくみがある。まず，血管の破れたところに(　イ　)が集まって塊をつくる。次に，(　イ　)から放出される凝固因子と，血しょう中の凝固因子の働きにより(　ウ　)と呼ばれる繊維状のタンパク質の形成が進む。この繊維状のタンパク質と(　エ　)が絡み合うことで，塊状の(　オ　)が形成されて止血される。傷ついた血管が修復されるころには，(　オ　)は(　ウ　)を分解する酵素の働きで溶解する。これを(　カ　)という。

(1)　文章中の空欄に当てはまる語を次の[語群]からそれぞれ選べ。
　[語群]　　血液　　血球　　血ぺい　　血小板　　線溶　　フィブリン

(2)　血液凝固について述べた次の①～④の文のうち，正しいものを1つ選べ。
　①　血液凝固のしくみがなくても，体内環境の維持に支障はない。
　②　血ぺいが溶解された後，フィブリンは血管内を移動する。
　③　採血した血液を静置すると，血ぺいと血しょうに分かれる。
　④　血管が損傷していなくても，同じ姿勢で長時間座り続けると，血管内に血ぺいが生じることがある。

94.
(1) ア
　イ
　ウ
　エ
　オ
　カ
(2)

思考

95. 血糖濃度の調節　次の文章を読み，下の各問いに答えよ。

炭水化物を含む食物を摂取すると，グルコースとして体内に取り込まれる。右図のアのグラフは，食事の前後での血糖濃度の変化を，ₐイとウのグラフは血糖濃度調節に関わる，すい臓から分泌される２種のホルモンの血中濃度の変化を示す。血糖濃度は，食後数時間で元の値に戻り，ᵦ常に一定の範囲内に保たれるよう調節されている。

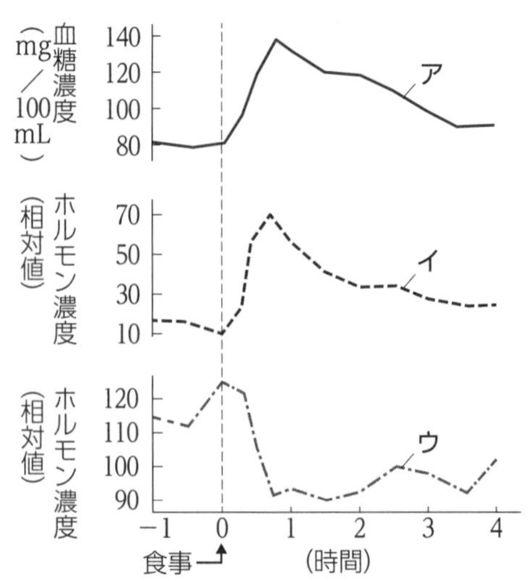

(1)　下線部aについて，イ，ウのホルモンの名称を答えよ。

(2)　激しい運動などによって血糖濃度が低下した場合，イ，ウのホルモンの分泌量はどのように変化するか。

(3)　下線部bについて，血糖濃度の維持には，最終的につくられた物質や生じた結果が反応の前の段階(原因)にさかのぼって作用するしくみが働いている。このしくみを何と呼ぶか。

(4)　図のアで血糖濃度が時間とともに減少しているのは，血糖が何という物質に変化するためか。物質名を答えよ。

(5)　(4)の物質は主にどの器官に貯えられるか。

思考　論述

96. 腎臓の働き　表は正常なヒトの血しょう中，原尿中，および尿中に含まれる成分の割合を示したものである。次の各問いに答えよ。

(1)　表中のア～ウに当てはまる物質を次の①～③からそれぞれ選べ。

①　タンパク質

②　尿素

③　グルコース

	血しょう中(%)	原尿中(%)	尿中(%)
ア	0.1	0.1	0
イ	7～8	0	0
ウ	0.03	0.03	2

(2)　下図中の①～④に当てはまる過程または部位の名称を答えよ。

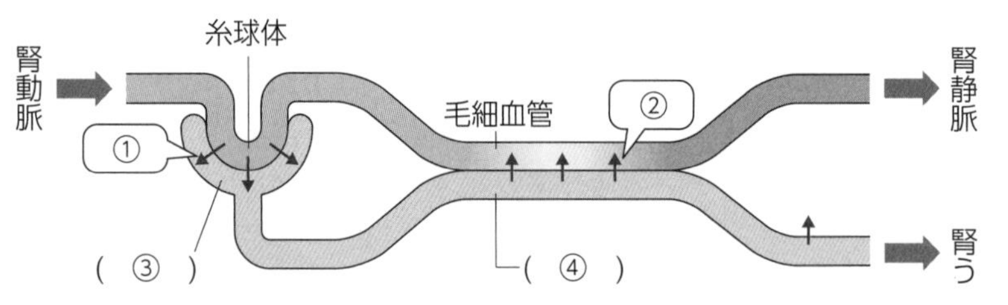

(3)　表中のイの原尿中および尿中の割合が表のようになっている理由を簡潔に述べよ。

95.

(1) イ

ウ

(2) イ

ウ

(3)

(4)

(5)

ヒント

(1)　食事後のイとウのホルモンの変化に着目して考える。

96.

(1) ア

イ

ウ

(2) ①

②

③

④

(3)

ヒント

(1)　表中の数値からろ過や再吸収における物質の移動について考える。再吸収されにくい物質は，尿をつくる過程で濃縮される。

知識
97. 体温の調節　ヒトの体温調節について，次の各問いに答えよ。

(1)　体温の調節中枢はどこか。

(2)　体温の上昇を(1)が感知した場合に主に働く自律神経の名称を答えよ。

(3)　ヒトのからだでみられる次のａ～ｅの働きは，体温調節においてどのような効果をもつか。下の①～③からそれぞれ選べ。

[働き]

ａ．発汗する。　ｂ．皮膚の血管が収縮する。

ｃ．心臓の拍動数が増加する。　ｄ．肝臓で物質が分解される。

ｅ．体表の血管が拡張する。

[効果]　①　発熱量増加　②　放熱量減少　③　放熱量増加

(4)　(3)のａ～ｅで，内分泌系の影響を受けないものをすべて選べ。

(5)　体温調節において，(3)のｄの働きを促進させるホルモンの名称を2つ答えよ。

97.

(1)

(2)

(3) a　b

c　d

e

(4)

(5)

ヒント

(4)　神経系の働きのみによって調節されているものを選ぶ。

知識
98. 血液の成分　血液の成分に関する次の各問いに答えよ。

(1)　次のａ～ｄが説明している血液成分の名称を下の①～④から選べ。

ａ．血液凝固で重要な役割を果たす有形成分。

ｂ．液体成分であり，グルコースやタンパク質，尿素などを含む。

ｃ．免疫に関わる。

ｄ．ヘモグロビンを含み，酸素を運搬する。

①　赤血球　②　白血球　③　血小板　④　血しょう

(2)　すべての血球はある細胞からつくられる。その細胞の名称を答えよ。

(3)　下図ア～エは，出血した後の血液凝固と線溶の過程を示している。アをはじめとして正しい順に並び替えよ。

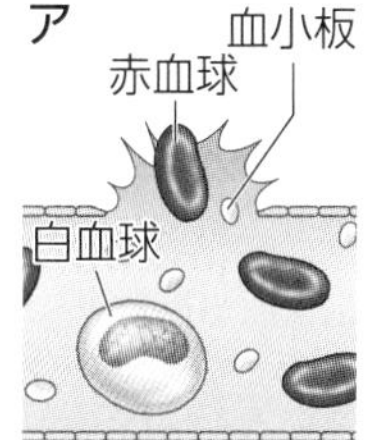

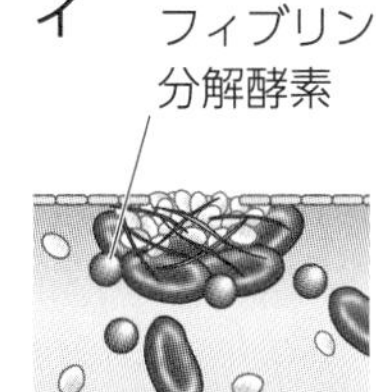

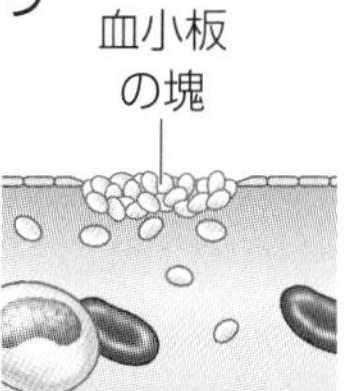

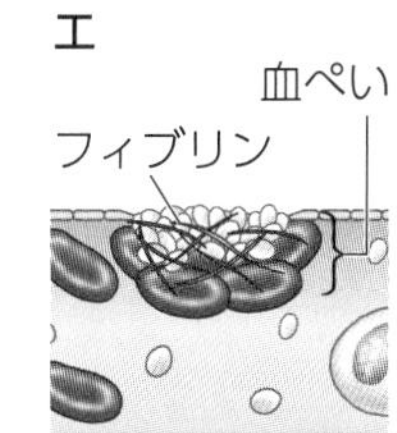

98.

(1) a　b

c　d

(2)

(3)　ア　→

→　→

ヒント

(1)　ａはそれ自体が塊をつくるほか，凝固因子を放出し，フィブリンの形成を促す役割をする。

リフレクション　Reflection

次の2つの問いについて，それぞれ[　]内の語を用いて答えよ。

❶ インスリンによる血糖濃度調節のしくみを説明せよ。　[吸収・分解，グリコーゲン]

➡ 書けなかったら… 84，87 へ

❷ 血液凝固のしくみを説明せよ。　[血小板，フィブリン，血ぺい]

➡ 書けなかったら… 94 へ

2つとも答えられたら次のテーマへ！

10 免疫

学習日	1回目	2回目
	／	／

学習のまとめ

1 生体防御－病原体からからだを守るしくみ－

皮膚や，気管の([1])など，常に外界と接する部分には，病原体の侵入を防ぐしくみがある。それらをかいくぐって侵入した病原体を白血球によって排除するしくみを**免疫**という。

免疫
- ([2])：病原体に共通する特徴を幅広く認識し，白血球による([3])などによって病原体を排除。
- ([4])：特定の物質を抗原として認識したリンパ球が特異的に病原体を排除。

2 自然免疫と獲得免疫のしくみ

❶自然免疫のしくみ

① マクロファージや樹状細胞が([5])によって病原体を取り込む。

② ([6])は，リンパ管に移動して([7])免疫を誘導する。活性化した([8])は，([9])や([10])を感染部位に招集する。

③ 感染部位に集まった食細胞[([5])を行う細胞]は，病原体を排除する。

④ ([10])は，ウイルスなどに感染した細胞を攻撃して破壊する。

・自然免疫の反応によって局所が赤くはれ，熱や痛みをもつことを([11])という。

❷獲得免疫のしくみ

① **抗原**(リンパ球によって認識される物質)となる病原体を取り込んだ([6])は，リンパ節に移動して，その抗原を認識するT細胞に([12])を行う。([12])を受けたT細胞は活性化され，増殖する。

② ([13])は，([14])によって活性化されて増殖し，([15])に分化する。([15])は，病原体に対する([16])を多量に産生する。

③ ([16])が抗原と特異的に結合する([17])が起こる。これにより，病原体の感染性や毒性が弱められ，食細胞などによる排除が促進される。

④ 活性化された([14])の一部は，他の白血球の働きも増強する。また，活性化された([18])は感染細胞を特異的に破壊する。

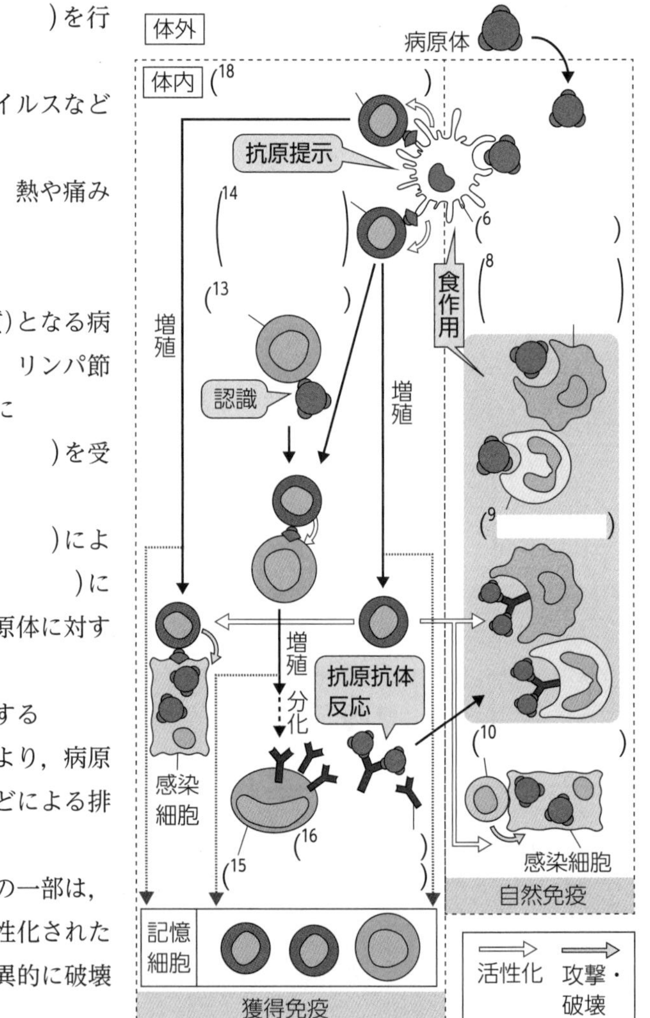

・**二次応答**…感染した病原体を特異的に認識するT細胞やB細胞の一部は，([19])として長期間体内に残る。同じ病原体が侵入した際には，([19])がきわめて短時間で強い免疫反応を引き起こす。このような，同じ病原体が再び侵入したときに起こる免疫反応は([20])と呼ばれる。

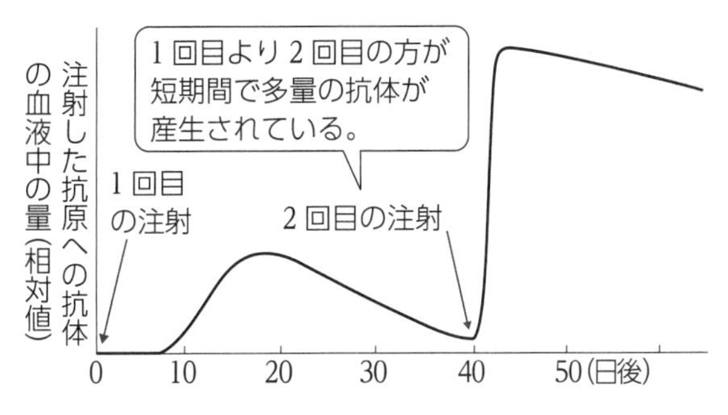

3 自然免疫と獲得免疫の違い

・([21])免疫では，個々の免疫細胞が幅広く病原体やその感染細胞を認識する。一方，([22])免疫で働く個々のリンパ球は，ごく限られた物質を抗原として特異的に認識する。

・B細胞やT細胞では，ふつう，自己のからだの物質に反応するものは，未熟な段階で排除されたり，成熟しても働きが抑制されたりする。このように，ある抗原に対して獲得免疫の反応がみられない状態を([23])という。また，([24])は，病原体を認識して活性化すると，抗原を提示してT細胞を活性化する。これにより，病原体に対する([25])免疫反応が起こる。

・自然免疫の効果は数時間で現れるが，獲得免疫では特定の病原体を認識する([26])が増殖する必要があるため，効果を現すのに1週間以上の時間がかかる。

・獲得免疫は，自然免疫で働く([27])細胞によって誘導される。また，獲得免疫がはじまると，([28])細胞や抗体が，自然免疫の働きを増強する。このように，自然免疫と獲得免疫は，互いに活性化し合って，一体となって働く。

4 免疫と生活

❶免疫の異常による疾患

・([29])：自己の成分に対する免疫反応によって生じる疾患。例：**関節リウマチ**

・([30])：病原体以外の本来は無害な異物に対して起こる，過敏で生体に不都合な獲得免疫反応。その原因となる抗原を([31])という。ハチの毒などの体内への侵入に対して，急激な血圧低下や呼吸困難などの全身性症状が現れることを([32])という。

・([33])：**HIV**(**ヒト免疫不全ウイルス**)の感染によって([34])が破壊され，獲得免疫の働きが低下する疾患。**日和見感染症**やがんの発症が起こりやすくなる。

❷免疫と医療

・([35])：二次応答を利用。([36])(弱毒化・死滅した病原体や毒素)を接種し，体内に([37])をつくらせて感染症を予防する。

・([38])：ウマなどにつくらせた抗体を含む([39])を患者に投与して治療する。

・([40])：特定の物質に対する抗体を量産する技術を利用してつくられる，抗体を用いた治療薬。

解答

1：粘膜　2：自然免疫　3：食作用　4：獲得免疫(適応免疫)　5：食作用　6：樹状細胞　7：獲得(適応)　8：マクロファージ　9：好中球　10：NK細胞(ナチュラルキラー細胞)　11：炎症　12：抗原提示　13：B細胞　14：ヘルパーT細胞　15：抗体産生細胞(形質細胞)　16：抗体　17：抗原抗体反応　18：キラーT細胞　19：記憶細胞　20：二次応答　21：自然　22：獲得(適応)　23：免疫寛容　24：樹状細胞　25：獲得(適応)　26：リンパ球　27：樹状　28：ヘルパーT　29：自己免疫疾患　30：アレルギー　31：アレルゲン　32：アナフィラキシーショック　33：エイズ　34：ヘルパーT細胞　35：予防接種　36：ワクチン　37：記憶細胞　38：血清療法　39：血清　40：抗体医薬

知識
99. 物理的・化学的な生体防御

次のA～Dの文は，物理的・化学的な生体防御について述べたものである。(　　)内のア，イから正しい方を選べ。

A．皮膚の表面は死んだ細胞からなる(ア．皮下組織　イ．角質層)におおわれており，物理的に病原体の侵入を防ぐ。

B．汗腺や皮脂腺から分泌される汗や皮脂は(ア．酸性　イ．アルカリ性)で微生物の繁殖を防ぐ働きをもつ。

C．涙やだ液に含まれる(ア．カタラーゼ　イ．リゾチーム)という酵素には，細菌の細胞壁を分解する働きがあり，その増殖を抑える。

D．(ア．消化管　イ．血管)内にはヒトに害を及ぼさない細菌が多数存在し，粘膜の防御作用を増強したり，病原体の毒性を抑えたりすることで病原体の体内への侵入を防いでいる。

99.
A
B
C
D

知識
100. 免疫

免疫に関する次の文章を読み，下の各問いに答えよ。

(　1　)のなかには，マクロファージなどのように，体内に侵入した病原体を細胞内に取り込む働きをもつものがあり，この働きは(　2　)と呼ばれる。体内に侵入した病原体を白血球によって排除するしくみを(　3　)という。私たちのからだには，病原体の侵入を防ぐ物理的・化学的な防御のしくみと(　3　)からなる(　4　)のしくみが備わっている。

(1) 文章中の空欄(　1　)～(　4　)に当てはまる語を，次の[語群1]からそれぞれ選べ。

[語群1]　生体防御　免疫　食作用　白血球　リンパ球

(2) 文章中の(　3　)は，①病原体に共通する特徴を幅広く認識し，食作用などによって排除するものと，②特定の物質を認識したリンパ球が特異的に病原体を排除するものに分けられる。それぞれ名称を答えよ。

(3) 右図のA～Dは，ヒトの免疫に関与する器官である。これらの器官名を，次の[語群2]からそれぞれ選べ。

[語群2]　胸腺　ひ臓　骨髄　脊髄　リンパ節

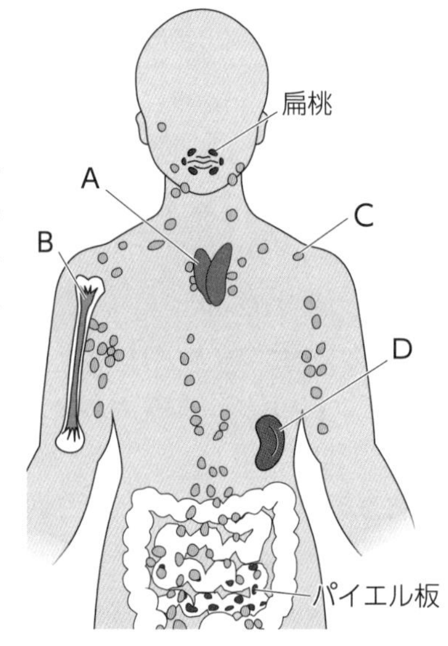

100.
(1) 1
2
3
4
(2) ①
②
(3) A
B
C
D

知識
101. 免疫に関わる組織・器官

次の①～⑤の文は，免疫に関わる組織・器官の働きについて述べたものである。胸腺，ひ臓，パイエル板，リンパ節，骨髄に当てはまるものをそれぞれ1つずつ選べ。

① 組織からリンパ管に入った病原体に対する免疫反応が起こる。
② 血液に入った病原体に対する免疫反応が起こる。
③ 腸管から侵入した病原体に対する免疫反応が起こる。
④ T細胞が成熟する。
⑤ 赤血球やB細胞を含む種々の白血球がつくられる。

101.
胸腺
ひ臓
パイエル板
リンパ節
骨髄

知識

102. 免疫に関わる細胞 下表は，免疫に関わる細胞の働きをまとめたものである。表中の1～6に当てはまる細胞を下の[語群]からそれぞれ選べ。

食細胞		リンパ球	
好中球	病原体を分解する。	3	他の白血球を活性化する。
1	病原体を分解する。	4	感染細胞が提示する抗原情報を認識し，攻撃する。
2	抗原提示を行う。	5	抗体を産生する。
		6	自然免疫で働く。

[語群]　樹状細胞　B細胞　ヘルパーT細胞
NK細胞　キラーT細胞　マクロファージ

知識

103. 自然免疫 自然免疫に関して述べた次の①～④の文のうち，正しいものをすべて選べ。

① NK細胞は，感染細胞と正常な細胞を区別できる。
② 好中球は，病原体に対し特異的な抗原抗体反応を起こし，病原体を無毒化する。
③ 自然免疫は，病原体などの侵入を防いだり破壊したりする生体防御の反応で，リンパ球はこれに関与しない。
④ 好中球は，血管外に出て食作用を行う。

知識

104. 獲得免疫のはじまり 病原体が侵入してから体内で起こる反応を述べた次のa～eの文を，aをはじめとして反応が起こる順に並び替えよ。

a．病原体が体内に侵入する。
b．樹状細胞がリンパ節に移動するとともに，病原体を細胞内で分解する。
c．抗原を認識したT細胞が活性化されて増殖する。
d．樹状細胞が食作用によって抗原を取り込む。
e．樹状細胞が抗原提示を行い，抗原の情報をT細胞に伝える。

知識

105. 獲得免疫のしくみ① 次の文章を読み，下の各問いに答えよ。

ア樹状細胞は，(A)によって取り込んだ病原体の情報をイキラーT細胞とウヘルパーT細胞に伝える。樹状細胞からの情報を認識したキラーT細胞は，(B)を直接攻撃し，特異的に破壊する。また，ヘルパーT細胞は，同じ抗原の情報を認識したエB細胞を活性化させる。活性化されたB細胞は増殖してオ抗体産生細胞となって抗体を放出する。a抗体は特定の抗原と結合して(C)をつくる。一部のリンパ球は(D)として体内に残り，b再び同じ病原体が侵入すると，これらがすばやく反応し，短時間で強い免疫反応を起こす。

(1) 文章中の空欄(A)～(D)に当てはまる語を，次の①～⑥からそれぞれ選べ。
① 食作用　② 殺菌作用　③ 病原体　④ 感染細胞
⑤ 抗原抗体複合体　⑥ 記憶細胞

(2) 一部がDとして体内に残る細胞を文章中の細胞ア～オからすべて選べ。

(3) 下線部a，bの反応や現象の名称をそれぞれ答えよ。

102.
1
2
3
4
5
6

103.

104.
a →
→ →
→

獲得免疫は，自然免疫にかかわる細胞から抗原情報を受け取ってはじまる。

105.
(1) A
B
C
D
(2)
(3) a
b

知識

106. 獲得免疫のしくみ② 下図は，獲得免疫のしくみを示したものである。図中のA～Dの細胞名を下の[語群]からそれぞれ選べ。

[語群]　樹状細胞　ヘルパーT細胞　キラーT細胞　B細胞

106.
A
B
C
D

知識

107. 白血球の働き 次のA～Eの文は，白血球の働きについて述べたものである。下の各問いに答えよ。

A．体内に侵入した病原体を取り込むとともに，獲得免疫を始動する。
B．血管内から感染部位へ移動し，感染細胞を非特異的に破壊する。
C．Aによる働きかけで活性化され，他の白血球を活性化する。
D．抗体産生細胞に分化し，病原体に対する抗体を産生する。
E．Aによる働きかけで活性化され，感染細胞を特異的に破壊する。

(1) A～Eの白血球の名称を，次の[語群]からそれぞれ選べ。

[語群]　キラーT細胞　NK細胞　ヘルパーT細胞　B細胞　樹状細胞

(2) C，Eにおいて，下線部のAによる働きかけの名称を次から選べ。

①　免疫記憶　②　食作用　③　抗原提示　④　抗原抗体反応

(3) 次の①～④のうち，Aの働きを行う白血球が認識しても，ふつう，獲得免疫が始動しないものを選べ。

①　赤痢菌　②　ウイルス　③　自己の成分　④　カビ

107.
(1) A
B
C
D
E
(2)
(3)

知識

108. 免疫のしくみ 体内に病原体が侵入したときにみられる反応について述べた次のア～エの文のうち，正しい記述の組み合わせとして適当なものを，下の①～④から1つ選べ。

ア．自然免疫には，食細胞のほかに一部のリンパ球も関与する。
イ．病原体が体内に侵入すると，血ぺいに取り込まれて無毒化される。
ウ．自然免疫と獲得免疫はともに免疫記憶のしくみをもつため，効果が数時間で現れる。
エ．自然免疫で働く細胞はすべて，獲得免疫と関わりをもつ。

①　ア，ウ　②　ア，エ　③　イ，エ　④　ウ，エ

108.

知識

109. 獲得免疫でみられる反応 獲得免疫に関して述べた次の①～④の文のうち，正しいものをすべて選べ。

①　個々の抗体は，特定の抗原にしか結合できない。
②　獲得免疫の反応は，自然免疫で働く細胞とは無関係に働く。
③　自己の成分に反応するT細胞は，ふつう，排除または抑制されている。
④　個々のT細胞やB細胞がさまざまな抗原を認識できる。

109.

📖知識
110. 自然免疫と獲得免疫　次の各問いに答えよ。

(1) 自然免疫と獲得免疫の特徴をまとめた下表中の空欄(ア)～(カ)に当てはまる語を，下の①～⑥からそれぞれ選べ。

	自然免疫	獲得免疫
各細胞が認識する成分	個々の細胞が病原体などを(ア)認識	1種類の特定の抗原を(イ)認識
効果を現すまでの時間	(ウ)	(エ)
免疫記憶の有無	(オ)	(カ)

① 一週間以上　② 数時間　③ あり　④ なし
⑤ 幅広く　⑥ 特異的に

(2) 自然免疫と獲得免疫に関する次の①～③の文から正しいものを1つ選べ。
① ある病原体が体内に侵入すると，すべてのリンパ球がこれを認識する。
② 樹状細胞は病原体以外の異物を細胞内に取り込まない。
③ 獲得免疫で働く細胞などは，自然免疫の働きを増強する。

(3) 獲得免疫が病原体に対して反応を起こすしくみとして正しいものを次の①～③から1つ選べ。
① 樹状細胞は，病原体を取り込んだ場合のみ，抗原提示を行う。
② ヒトの体内では，病原体に対するリンパ球のみしかつくられない。
③ 抗原を認識したB細胞の活性化には，同じ抗原を直接認識して活性化したヘルパーT細胞による働きかけが必要である。

110.
(1) ア
イ
ウ
エ
オ
カ
(2)
(3)

📖知識
111. 免疫の異常による疾患　次の文章を読み，下の各問いに答えよ。

病原体以外の食物や花粉などの異物に対する過敏で生体に不都合な獲得免疫反応を(1)といい，この原因となる物質を(2)という。また，重度の(1)によって急激な血圧低下などの全身性症状が現れることを(3)という。免疫に関する疾患には，他に，自己の成分に対する免疫反応によって組織の傷害や機能異常が起こる(4)や，免疫不全症の1つでHIVと呼ばれるウイルスの感染が原因の(5)などがある。(5)では，HIVが(6)細胞を破壊することで，獲得免疫の働きが低下する。

(1) 文章中の空欄(1)～(6)に当てはまる語をそれぞれ答えよ。
(2) 文章中の(4)の例として正しいものを，次の①～④から1つ選べ。
① 日和見感染症　② 1型糖尿病　③ はしか　④ 花粉症

111.
(1) 1
2
3
4
5
6
(2)

📖知識
112. 免疫と医療　次の各問いに答えよ。

(1) 次の①～④の文のうち，予防接種と血清療法について正しく述べたものをそれぞれ1つずつ選べ。
① 病原体や毒素をそのまま接種し，感染症を予防する。
② 死滅または弱毒化した病原体や毒素を接種し，感染症を予防する。
③ 他の動物につくらせた抗体を接種し，病原体や毒素の作用を阻害する。
④ 病原体と対抗する微生物を接種し，病原体の増殖を抑える。

(2) 特定の物質に対する抗体を量産できるようになり，関節リウマチやがんに対する治療薬として用いられている。このような治療薬を何と呼ぶか。

112.
(1) 予防接種
血清療法
(2)

ヒント
予防接種は病気の予防に，血清療法は病気の治療に用いられる。

思考 論述

113. 病原体の排除　次の文章を読み，下の各問いに答えよ。

樹状細胞による抗原提示を受けた（　1　）や（　2　）は，活性化して増殖する。活性化された（　1　）は，病原体に感染した細胞を特異的に破壊する。また，a（　2　）は，同じ病原体の特定の物質を直接認識した（　3　）を認識して，活性化させる。活性化された（　3　）は増殖したのち，（　4　）に分化して（　5　）を体液中に放出する。（　5　）は，病原体に結合することで，その排除を促進する。さらに，b（　2　）は感染部位に移動して，マクロファージや好中球の食作用を増強する。

(1)　文章中の空欄（　1　）～（　5　）に当てはまる語を答えよ。

(2)　下線部aについて，（　2　）が同じ病原体を認識した（　3　）を認識するしくみを説明した次の文中の空欄（　ア　）に入る語を答えよ。
　認識した抗原を取り込んだ（　3　）が，その断片を（　ア　）する。同じ抗原情報で活性化した（　2　）がこれを認識する。

(3)　（　2　）は，下線部b以外の病原体を排除する働きも増強している。どの細胞のどのような働きを増強しているか簡潔に述べよ。

(4)　（　5　）は何というタンパク質でできているか。

思考 実験・観察 論述

114. 免疫記憶　右図は，ある動物に抗原Aを投与したときの，Aに対する抗体の産生時期と量を示している。これについて，次の各問いに答えよ。

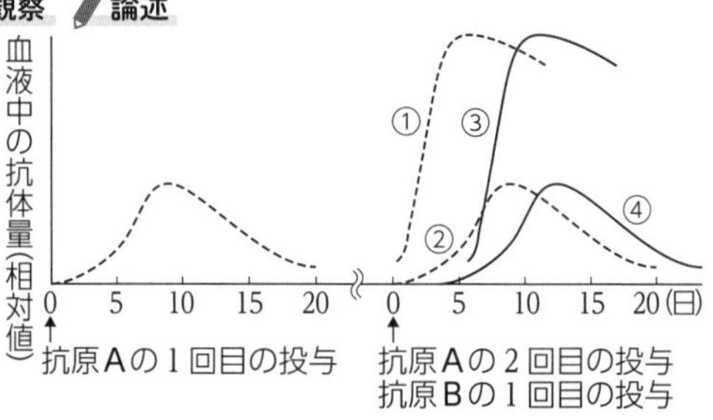

(1)　数週間後，この動物にAの2回目の投与を行うと，二次応答が起きた。このときの抗体量の変化を，図中の①～④から1つ選べ。

(2)　(1)のグラフの変化から，多くの感染症において，一度かかるとしばらくの間は同じ病気を発症しない理由を説明できる。その理由を簡潔に述べよ。

(3)　数週間後，この動物に投与したことのない別の抗原Bを投与したとき，想定される抗原Bに対する抗体量の変化について述べた文として最も適当なものを，次のア～ウから選べ。
ア．抗原Aの投与でできた記憶細胞が抗原Bに働き，①のようになる。
イ．抗原Bの投与でできた記憶細胞が抗原Bに働き，③のようになる。
ウ．抗原Bに対する記憶細胞は存在せず，②のようになる。

(4)　次のa～dのうち，二次応答による現象**ではないもの**を1つ選べ。
a．一度はしかにかかったため，二度目はかかりにくい。
b．あるマウスの皮膚に別のマウスの皮膚を移植する実験で，拒絶反応による皮膚の脱落が1度目の移植より2度目の移植で早く起きた。
c．ハブにかまれたが，血清療法によって助かった。
d．結核のワクチンを接種しておくと，感染しても発症が抑制される。

113.
(1) 1
2
3
4
5
(2)
(3)
(4)

ヒント
(3)　免疫反応では，病原体が直接攻撃されるだけでなく，病原体に感染した細胞も破壊される。

114.
(1)
(2)
(3)
(4)

ヒント
(3)　記憶細胞は，以前にも体内に侵入した病原体にのみ働く。

思考 論述

115. 免疫と医療

下表は，免疫のしくみを利用した医療についてまとめたものである。下の各問いに答えよ。

	方法	効果
(1)	a弱毒化または死滅した病原体やその毒素をあらかじめ接種する。	体内に(2)細胞がつくられる。病原体が侵入した際に(3)が起こり，発症が抑制される
(4)	他の動物にあらかじめ毒素などを接種して得られた血清を注射する。	血清に含まれるb(5)の働きで，毒素の作用を阻害できる。

(1) 表中の空欄(1)～(5)に当てはまる語を答えよ。
(2) (1)において，下線部aは何と呼ばれるか。
(3) 下線部bについて，(5)はどのように働くか。簡潔に述べよ。

知識

116. 抗原抗体反応と血液型

次の文章を読み，下の各問いに答えよ。

異なる個体の血液を混ぜると，赤血球が集まって塊状になる凝集と呼ばれる反応が起こることがある。これは，赤血球の表面に存在する凝集原と，血しょう中に存在する抗体(凝集素)が抗原抗体反応を起こすために起こる。ヒトのABO式血液型の場合，下表のように，凝集原にはAとB，凝集素には抗A抗体と抗B抗体がある。凝集原Aと抗A抗体，または凝集原Bと抗B抗体が共存すると凝集が起こる。

血液型	A型	B型	AB型	O型
凝集原(抗原)	A	B	A・B	なし
凝集素(抗体)	抗B抗体	抗A抗体	なし	抗A抗体 抗B抗体

(1) 抗A抗体の入った抗A血清と，抗B抗体の入った抗B血清について，これと混ぜたときに凝集が起こる血液型をそれぞれすべて答えよ。
(2) 抗A血清，抗B血清のどちらとも凝集を起こさない血液型をすべて答えよ。

115.

(1) 1

2

3

4

5

(2)

(3)

ヒント
(3) 抗体が結合すると，毒素の作用が阻害される。

116.

(1)

抗A血清

抗B血清

(2)

ヒント
それぞれの血液型のヒトがもつ凝集原と加えた凝集素の組み合わせによって，凝集するかどうかが決まる。

リフレクション　Reflection

次の2つの問いについて，それぞれ[ ]内の語を用いて答えよ。

❶ 自然免疫と獲得免疫における個々の細胞が異物を認識するしくみの違いを説明せよ。 [抗原]

➡ 書けなかったら… 110 へ

❷ 予防接種によって感染症が予防できるしくみを説明せよ。 [ワクチン，二次応答]

➡ 書けなかったら… 112，114，115 へ

2つとも答えられたら次のテーマへ！

11 第3章　章末問題

学習日　1回目 ／　2回目 ／

思考 論述

117. 体液の働き

次の文章は，体液の働きについて述べたものである。下の各問いに答えよ。

脊椎動物のからだを構成するほとんどの細胞は，直接外部と接するのではなく，a 体液に囲まれている。体液は，細胞にとっての環境であるため，体内環境とも呼ばれている。細胞は，体液から栄養分などを受け取り，老廃物を体液へと排出する。このため，体液に含まれる物質の濃度は絶えず変化している。生物のからだは，このような体液の変化などに対して，b その変化を一定の範囲内に保とうとする性質をもつ。この性質において，腎臓などの臓器が重要な働きを担っている。これらの臓器の働きは，自律神経系や内分泌系によって調節されている。

(1) 下線部aについて，血液，組織液，リンパ液の関係を説明せよ。

(2) 下線部bについて，このような機能を何というか。

思考 論述

118. ホルモン分泌の調節

下図は，マウスが寒冷刺激を受けたときに起こす反応を示したものである。

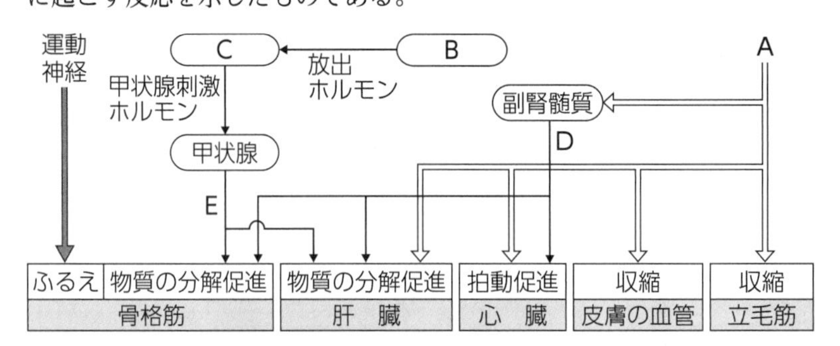

(1) 図のAは自律神経，B，Cは内分泌腺，D，Eはホルモンを表している。当てはまるものをそれぞれ答えよ。

(2) 肝臓は，血糖濃度の調節にも関わっている。肝臓の働きのうち，血糖濃度調節に関わっているものについて説明せよ。また，その働きに関わるホルモンを，血糖濃度が a 上昇したときと b 低下したときでそれぞれ1つずつ答えよ。

(3) 次の①～③のいずれか1つの部位や器官に障害をもち，寒冷刺激を受けてもホルモンEを十分に分泌できないマウスア～ウにおいて行った2つの検査結果を下表に示す。この結果から，マウスア～ウはそれぞれ①～③のどれに障害があると考えられるか。適当なものを，それぞれ1つずつ選べ。なお，ア～ウで障害のある部位や器官は異なる。

① 間脳の視床下部　② 脳下垂体前葉　③ 甲状腺

	寒冷刺激を受けた際の甲状腺刺激ホルモンの血中濃度	放出ホルモンを注射した後の甲状腺刺激ホルモンの血中濃度
ア	高い	上昇する
イ	低い	上昇する
ウ	低い	上昇しない

117.

(1)

(2)

ヒント

(1) 体液の液体成分は，血管やリンパ管を出入りできる。

118.

(1) A

B

C

D

E

(2) 働き

a

b

(3) ア　イ

ウ

ヒント

(3) 放出ホルモンは，Cからのホルモン分泌を促進する。放出ホルモンを注射しても甲状腺刺激ホルモンの血中濃度が上昇しないマウスでは，Cが放出ホルモンを受容できないか，受容してもホルモンを分泌できないといった障害があると考えられる。

思考　実験・観察

119. 免疫反応　免疫反応に関する次のような実験を行った。下の各問いに答えよ。

【実験】　正常な免疫反応がみられるマウスに，ニワトリの卵に含まれるタンパク質である卵白アルブミンを2回10日間の間隔をおいて注射した。2回目の注射から数日後，このマウスに卵白アルブミンを霧状にして吸入させると，マウスが何回もくしゃみをするようになった。

(1) 下線部の原因の説明として適切なものを，次の①～③から1つ選べ。
　① 卵白アルブミンが注射されたことで，マウスの免疫細胞が，自己のからだの成分に対して反応するようになったため。
　② 卵白アルブミンがくり返し注射されたことで，抗原として認識されるようになり，獲得免疫が働くようになったため。
　③ 卵白アルブミンに対する拒絶反応が起きたため。

(2) この実験の後，マウスに花粉を吸入させると，下線部と同様の症状がみられるか。

119.
(1)
(2)

ヒント
(2) 正常な免疫反応がみられる生物では，病原体以外の異物に対して，過敏な免疫反応は起こらない。

第3章 ヒトのからだの調節

思考　論述

力だめし❸ 糖尿病　右図は，健康なヒトと糖尿病のヒトの食後の血糖濃度の変化を示したものである。図に関する次の会話文を読み，下の各問いに答えよ。

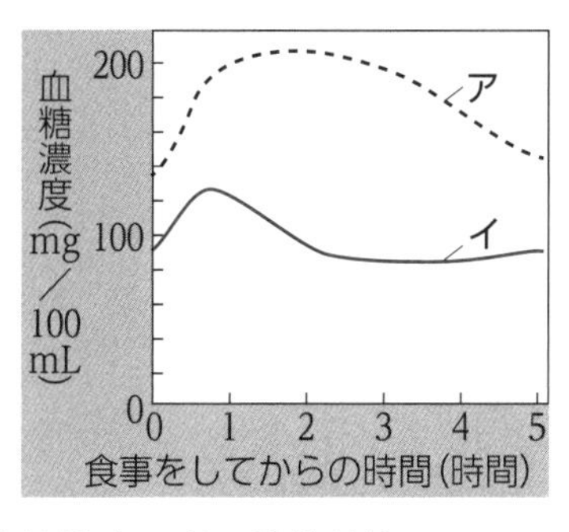

A　君：イのグラフは食後1時間あたりから，血糖濃度が減少しているね。

Bさん：アのグラフでは，食後ずっと血糖濃度の高い状態が続いているわね。高血糖の状態が続くと，(　①　)が引き起こされることがあるのよね。

A　君：血糖濃度の調節に関わるホルモンであるインスリンには，組織や細胞での(　②　)という効果があるから，アのヒトではインスリンの分泌量が足りていないのかな。

Bさん：それもあるかもしれないけど，インスリンが十分に分泌されていても，血糖濃度が低下しない場合もあるって聞いたことがあるわ。

(1) 会話文やグラフから，糖尿病のヒトの血糖濃度を示すグラフはア，イのどちらか。

(2) 会話文中の(　①　)に当てはまる高血糖の状態が続くことで引き起こされることとして適当なものを次の①～③から選べ。
　① 意識の消失　　② 動脈硬化　　③ 骨格筋のふるえ

(3) 上の文章中の(　②　)に入るインスリンの効果を答えよ。

(4) 下線部の理由を，簡潔に述べよ。

(5) 糖尿病のなかには，自己の成分に対する獲得免疫反応が原因のものもある。このような自己の成分に対する免疫反応によって組織傷害などを生じる疾患を何と呼ぶか。また，このタイプの糖尿病のヒトでは，どの細胞が破壊されているか答えよ。

力だめし❸
(1)
(2)
(3)
(4)
(5)
破壊される細胞

ヒント
(3) インスリンは，血液中のグルコースを減少させる働きをもつ。

12 植生と遷移

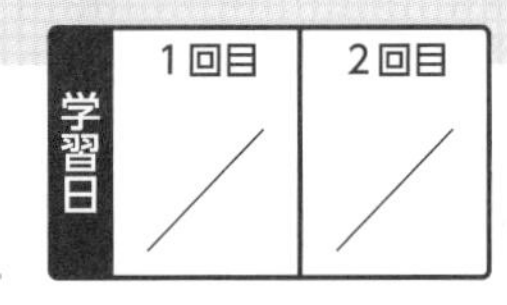

学習のまとめ

1 植生の分類

ある地域に生育する植物の集まりを(1　　　　)という。

・(2　　　　)…(1　　　　)の外観上の様相。

・(3　　　　)…(1　　　　)のなかで，個体数が多く，占有面積が最も大きい種。

(1　　　　)は，(2　　　　)によって次のように大別される。

(4　　　　)	生育する植物の個体数や種類数が少なく，草本や高さの低い木本がまばらに生育。
(5　　　　)	主に草本で構成され，一般には，地表の50 %以上が草本におおわれている。
(6　　　　)	樹木が密に生育。優占する樹種はさまざまだが，高木が優占種となる。

2 植生と土壌

岩石が風化して細かい粒状になった砂や泥などに，植物の落葉・落枝などの分解によって生じた有機物が混入してできたものを，(7　　　　)という。また，植物の落葉・落枝，および生物の遺骸や排出物などが土壌生物などによって分解されてできた有機物を，(8　　　　)という。

植物は，(7　　　　)中に根を張ることで，地上部を支え，(7　　　　)中に含まれる水や(9　　　　)などを吸収して生活しており，植生が異なれば(7　　　　)の質や構造も異なる。

3 森林の階層構造と光環境

森林には，高い方から**高木層**，**亜高木層**，**低木層**，**草本層**，**地表層**などの層からなる(10　　　　)と呼ばれる構造がみられることがある。

・(11　　　　)…高木層の繁った葉が見かけ上つながり合い，森林の外表面をおおっている部分。

・(12　　　　)…地表に近い下層部分。

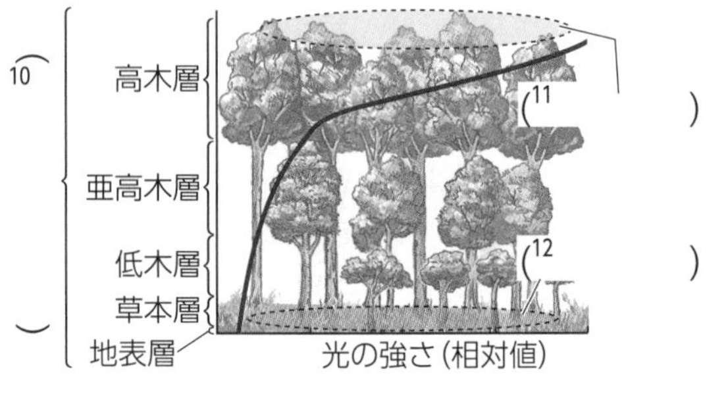

4 光の強さと光合成

一定時間当たりの光合成量と呼吸量を，それぞれ(13　　　　)と(14　　　　)と呼び，(13　　　　)から(14　　　　)を引いた値を(15　　　　)と呼ぶ。なお，光環境は，植物の光合成に大きな影響を及ぼす。

・(16　　　　)…光合成速度と呼吸速度が等しくなる光の強さ。

・(17　　　　)…これ以上光を強くしても光合成速度が変化しなくなる光の強さ。

(16　　　　)より光が強いと二酸化炭素の吸収速度はプラスになり，植物は生育できるが，これより光が弱いと生育できない。

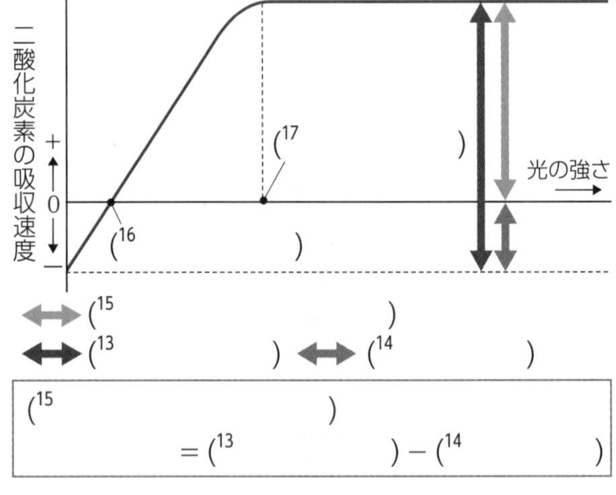

✓ 5 光の強さと植物の適応

・([18]　　　　　)…光補償点と光飽和点が高く，強光下での生育に適した植物。この特徴を示す樹木を([19]　　　　　)という。

・([20]　　　　　)…光補償点と光飽和点が低く，弱い光の場所に生育する植物。芽ばえや幼木がこの特徴を示す樹木を([21]　　　　　)という。

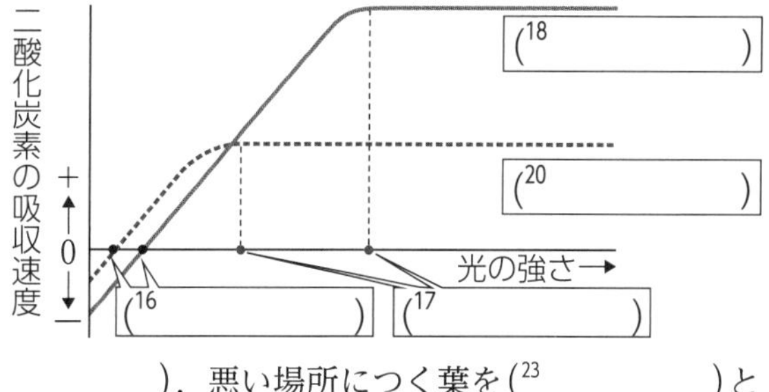

1本の木で，日当たりの良い場所につく葉を([22]　　　　　)，悪い場所につく葉を([23]　　　　　)という。([22]　　　　　)は陽生植物，([23]　　　　　)は陰生植物と光合成の特徴が似ている。

✓ 6 植生の遷移

ある地域の植生が，長い年月の間に変化していくことを([24]　　　　　)という。

❶遷移の過程とその要因

・([25]　　　　　　　　)…([24]　　　　　)の初期段階に進入する種。

> 例：乾燥に強いコケ植物や地衣類(緑藻類やシアノバクテリアと菌類が([26]　　　　　)している生物)，イタドリやススキ(火山灰や火山れきの堆積した裸地)

遷移は，その初期には([27]　　　　　)の形成に伴う水分や栄養塩類などの量の変化が，その後は，([28]　　　　　)の量の変化が主な要因となって進む。

[例]日本の暖温帯における遷移

植生	([29]　　　　)・荒原 ➡	([30]　　　　) ➡	([31]　　　　) ➡
植物の例	コケ植物・地衣類など	ススキ，イタドリ，チガヤ	アカマツ，ヤマツツジ
植生	➡ ([32]　　　　) ➡	混交林 ➡	([33]　　　　)
植物の例	アカマツ，コナラ	アカマツ，スダジイ	スダジイ，クスノキ，アラカシ

・([34]　　　　　　　　)…構成種に大きな変化がみられなくなった状態。このときの森林を([35]　　　　　)という。

・([36]　　　　　)…森林内の高木が枯れたり台風などによって倒れたりして，林冠が途切れた空間。

([36]　　　　　)小：差し込む光少→([37]　　　　　)は生育できず，([38]　　　　　)がギャップを埋める。

([36]　　　　　)大：差し込む光多→([39]　　　　　)が成長してギャップを埋めることもある。

❷さまざまな遷移

土壌や植物の種子などがない裸地からはじまる遷移を([40]　　　　　)という。そのうち，陸上ではじまる遷移を([41]　　　　　)，湖沼などからはじまる遷移を([42]　　　　　)という。

すでに形成されていた植生が破壊され，土壌や植物体が存在している状態からはじまる遷移を([43]　　　　　)という。植物の生育に必要な土壌がすでに存在するため，植物が進入しやすい。

解答

1：植生　2：相観　3：優占種　4：荒原　5：草原　6：森林　7：土壌　8：腐植　9：栄養塩類　10：階層構造　11：林冠　12：林床　13：光合成速度　14：呼吸速度　15：見かけの光合成速度　16：光補償点　17：光飽和点　18：陽生植物　19：陽樹　20：陰生植物　21：陰樹　22：陽葉　23：陰葉　24：遷移　25：先駆種(パイオニア種)　26：共生　27：土壌　28：光　29：裸地　30：草原　31：低木林　32：陽樹林　33：陰樹林　34：極相(クライマックス)　35：極相林　36：ギャップ　37：陽樹　38：陰樹　39：陽樹　40：一次遷移　41：乾性遷移　42：湿性遷移　43：二次遷移

基本問題

知識

120. 植生 植生について述べた次の文章を読み，下の各問いに答えよ。

ある地域に生息する植物の集まり全体を(　ア　)といい，その外観上の様相は(　イ　)と呼ばれる。(　イ　)は，(　ア　)を構成する植物のなかで最も占有している面積が大きい(　ウ　)によって決定づけられる。ある地域では，アカマツ林のところどころに，ヤマツツジなどの低木やウラジロなどのシダ植物が観察された。この(　ア　)における(　ウ　)は(　エ　)である。

(1) 文章中の空欄(　ア　)～(　エ　)に当てはまる語を答えよ。

(2) 下線部の地域の植生の相観を，次の[語群]から選べ。

[語群]　森林　草原　荒原

120.
(1)ア
イ
ウ
エ
(2)

知識

121. 生活形 次の文章中の空欄(　ア　)～(　カ　)に当てはまる語を，下の[語群]からそれぞれ選べ。

生物は，さまざまな環境のもとで生活しており，それぞれの環境に(　ア　)した生活様式を発達させている。生活様式を反映した生物の形態を(　イ　)という。たとえば，樹木には，冬季や乾季に葉を落とす(　ウ　)樹や1年中葉をつけている(　エ　)樹があり，これは葉のついている時期で分けた生活形である。

植物は自ら移動しないため，生育する環境の影響を強く受け，類似した環境には類似した(　イ　)をもつものがみられる。アメリカの砂漠に生育する(　オ　)と，アフリカの砂漠に生育する(　カ　)は，いずれもからだに水分を貯えることができる。

[語群]　落葉　常緑　サボテン　トウダイグサ　適応　生活形

121.
ア
イ
ウ
エ
オ
カ

知識

122. 植生と土壌 次の文章は土壌の構造について述べたものである。下の各問いに答えよ。

土壌は，岩石が(　ア　)して細かい粒状になったものに，植物の落葉・落枝などが分解されてできた(　イ　)が混入してできる。土壌は水分や(　ウ　)を貯えており，多くの植物の生活に必要な環境要因である。森林では落葉や枯れ枝などがたまり，その分解が進む層，その下に落葉や動植物の遺骸などの分解によって生じた(　イ　)である(　エ　)が多い層が形成される。その下には，(　オ　)が風化した層がある。

(1) 文章中の空欄(　ア　)～(　オ　)に当てはまる語を，下の[語群]からそれぞれ選べ。

[語群]　有機物　腐植　風化　栄養塩類　岩石

(2) 下線部について，土壌中の砂や(　エ　)などはミミズや菌類などの活動により，粒状のかたまりとなることがある。このような土壌の構造を何というか。

(3) 土壌断面を模式的に示した右図において，土壌生物が多く存在し，保水性や通気性が高い層をa～cから1つ選べ。

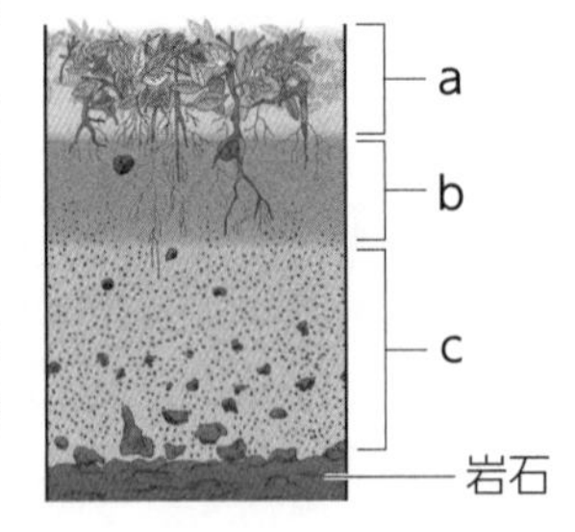

122.
(1)ア
イ
ウ
エ
オ
(2)
(3)

ヒント
(3) 土壌生物は，(2)をつくるとともに，落葉などを分解する。

知識

123. 階層構造 右図は，森林の階層構造と林内の光の強さの変化を示したものである。

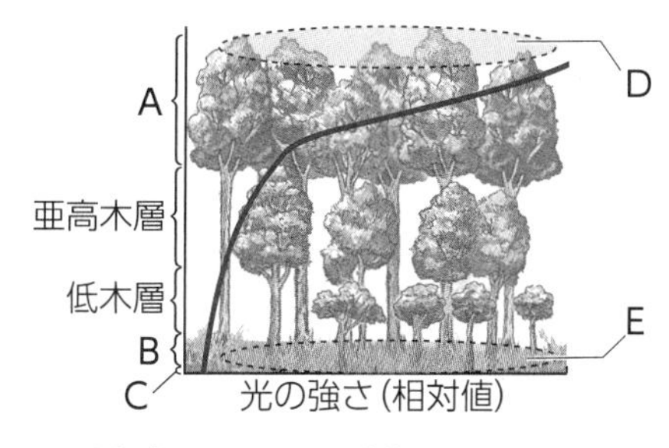

(1) 図中のA～Eの名称を答えよ。

(2) 次の文章中の①～③で，a・bのうち正しい方をそれぞれ選べ。

光の強さは，Aを通過する間に(①a．急激，　b．徐々)に弱まり，亜高木層ではDの(②a．2分の1，b．10分の1)程度になる。その後，光の強さは(③a．変化せず，　b．さらに弱まり)，EではDの数%になる。

知識

124. 光の強さと光合成 右図は，陽生植物における光の強さと光合成速度との関係を表している。光合成速度と呼吸速度は，葉面積100 cm^2 での1時間当たりの二酸化炭素吸収または放出速度(mg/(100 cm^2・時間))で示すものとする。

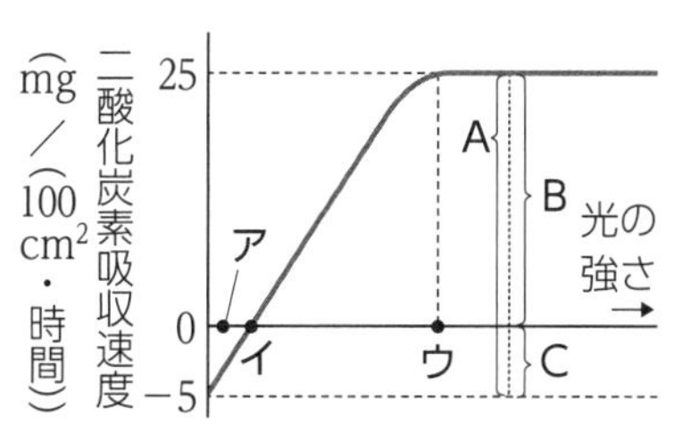

(1) A～Cは何を表すか。次の[語群]からそれぞれ選べ。

[語群]　光合成速度　呼吸速度　見かけの光合成速度

(2) 図中のア～ウのうち，①光補償点，②光飽和点，③植物が生育できない光の強さをそれぞれ1つずつ選べ。

(3) 呼吸速度の値(mg/(100 cm^2・時間))を，次の①～⑤から選べ。

①　0　②　5　③　20　④　25　⑤　30

知識

125. 陽生植物と陰生植物 次の図1は，2種類の植物A，Bについて，光の強さと二酸化炭素吸収速度の関係を示したものである。また，図2は，1個体における日当たりのよい場所につく葉と日当たりの悪い場所につく葉の断面の写真である。下の各問いに答えよ。

図1

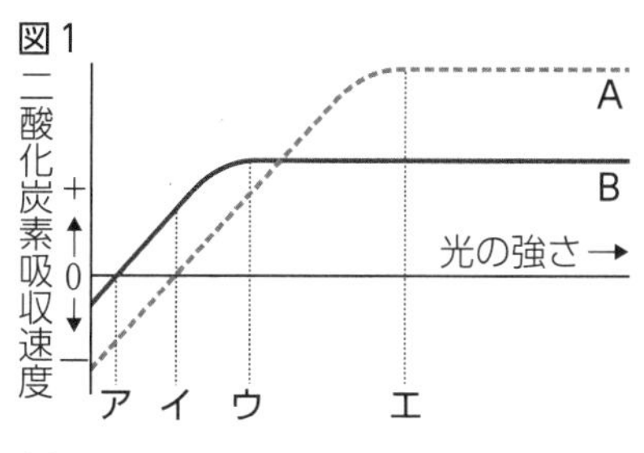

図2

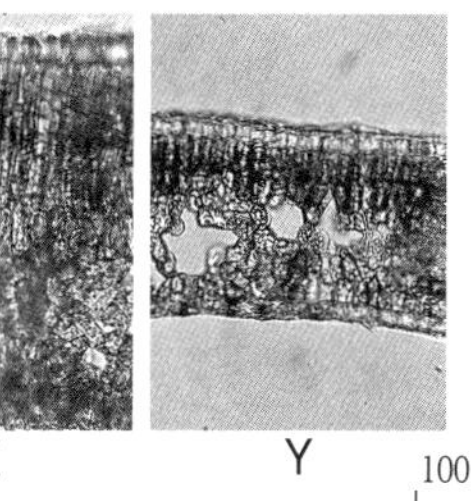

(1) 陽生植物は，図1のAとBのどちらか。

(2) 図1のBのような光合成の特徴を示す葉は，図2のXとYのどちらか。

(3) (2)で選んだ葉が，写真のような構造をしていることによる光の当たり方の特徴について述べた文として適当なものを次の①，②から1つ選べ。

① 強い光が当たる環境にあり，内部にまで光合成に必要な光が届く。

② 弱い光のもとでも，光合成に必要な光を内部にまで届かせる。

(4) 図1のBの方がAよりも生育に適している光の強さを，図中のア～エからすべて選べ。

123.

(1) A

B

C

D

E

(2) ①

②

③

124.

(1) A

B

C

(2) ①

②

③

(3)

ヒント
(3) 二酸化炭素吸収速度がマイナスならば，呼吸速度はプラスとなる。

125.

(1)

(2)

(3)

(4)

126. **遷移**　次のア～カは，日本の暖温帯における乾性遷移のさまざまな時期について述べたものである。これについて，下の各問いに答えよ。　（知識）

ア．ススキやチガヤなど陽生植物の草原ができる。
イ．地衣類やコケ植物などが進入し，これらの遺骸や岩石の風化によって土壌の形成が進む。
ウ．アカマツなどの陽樹が成長し，陽樹林が形成される。
エ．強光下での生育に適したツツジなどからなる低木林ができる。
オ．陰樹林が成立し，植生が安定する。
カ．林床で陰樹の幼木や陰生植物の芽ばえが生育し，混交林ができる。

(1)　ア～カを，遷移が進行する順に並べ替えよ。
(2)　ア，カの要因として適切なものを，次の①～③からそれぞれ選べ。
①　土壌の形成　　②　光の量の減少　　③　植生を構成する種数の減少
(3)　構成種に大きな変化のない状態の森林は何と呼ばれるか。

126.
(1)　→　→　→　→　→
(2) ア
カ
(3)

127. **ギャップ**　右の図1，2は，極相林の中に生じたギャップのようすを示した模式図である。この後，それぞれのギャップはどのように変化すると考えられるか。次の①～③から適当なものを選べ。　（知識）

図1　大きいギャップ　　図2　小さいギャップ

①　このままギャップが維持される。
②　陽樹は生育できないが，陰樹の幼木が生育しギャップを埋める。
③　陽樹の種子が発芽して成長し，陽樹と陰樹の混交林となる。

127.
図1
図2

128. **さまざまな遷移**　さまざまな遷移について述べた次の文章を読み，下の各問いに答えよ。　（知識）

a 火山噴火などで生じた土壌のない裸地からはじまる遷移は，（　ア　）と呼ばれる。（　ア　）には，陸上の乾燥した裸地からはじまる（　イ　）と，湖沼などからはじまる（　ウ　）とがある。また，b 森林の伐採や山火事などで植生が破壊され，すでに土壌が形成されている状態からはじまる遷移を（　エ　）といい，（　エ　）によって生じた森林は（　オ　）と呼ばれる。

(1)　文章中の空欄（　ア　）～（　オ　）に当てはまる語を，次の[語群]からそれぞれ選べ。
[語群]　一次遷移　　二次遷移　　二次林　　乾性遷移　　湿性遷移
(2)　下線部aについて，このような遷移の初期段階でみられる，貧栄養や乾燥に耐性をもった生物を何というか。
(3)　(2)の生物の例として適当なものを，次の①～③から1つ選べ。
①　スダジイ　　②　クスノキ　　③　イタドリ
(4)　下線部bについて述べた文として**誤っているもの**を，次の①～③から1つ選べ。
①　植物が進入しやすい。
②　土壌中に種子が残っていて，それらが発芽することがある。
③　以前の土壌が残っているため，遷移が進むのに時間がかかる。

128.
(1) ア
イ
ウ
エ
オ
(2)
(3)
(4)

思考 論述

129. 光合成と遷移

下図は，遷移の初期・中期・後期のいずれかの時期にみられるa～cの植物について，光の強さと光合成速度の関係を模式的に示したものである。なお，後期にみられる植物については，幼木のものを示している。

(1) a～cは，それぞれ遷移の初期・中期・後期のどの時期にみられる植物か。

(2) アの範囲の光の強さのとき，最も成長が速い植物はa～cのどれか。また，そう考えた理由を述べよ。

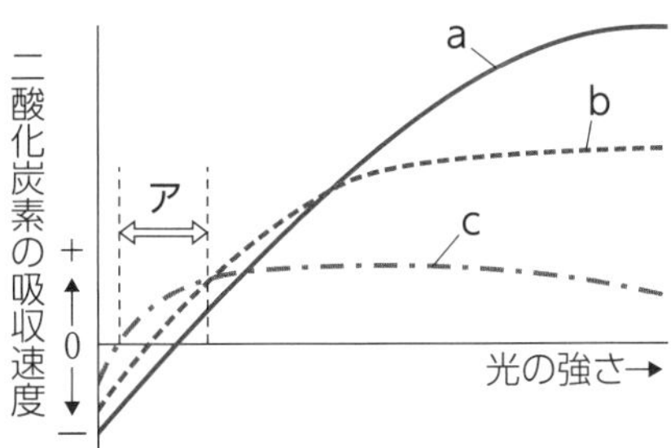

思考

130. 植生の比較

日本の関東平野と同じ気候帯に属するある島の現在の地面は，複数回の火山噴火で生じた溶岩流などにより形成されたものである。この島の地面を形成する溶岩流などが生じた火山噴火の発生年代を右図に示す。

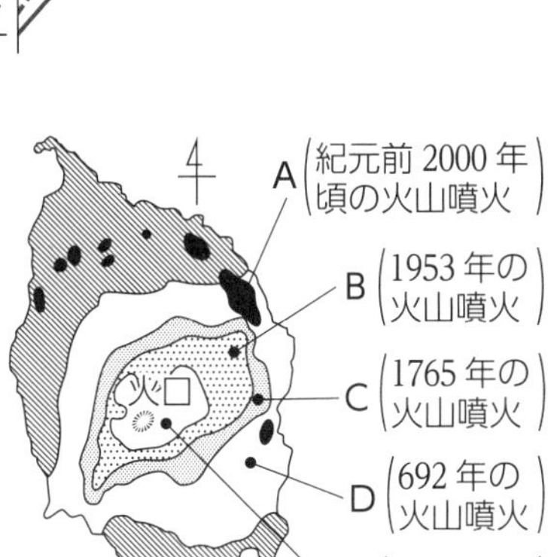

(1) A～Eの地点で現在みられる植生を次の①～⑤から選べ。ただし，A～Eでは，現在，それぞれ異なる植生がみられる。

① 低木林　② 草原　③ 陰樹林　④ 裸地　⑤ 陽樹林

(2) A～Eのうち，次のア～ウに該当する地点をそれぞれ1つずつ選べ。

ア．今後，地衣類・コケ植物が進入して定着すると考えられる。

イ．スダジイが優占し，植生の構成種に大きな変化がみられない。

ウ．イタドリやススキが優占する。

(3) A～Eを，土壌が厚い順に並べよ。

129.

(1) a ＿＿＿

b ＿＿＿

c ＿＿＿

(2) ＿＿＿

理由

ヒント (2) 同じ光の強さでの見かけの光合成速度の違いに着目する。

130.

(1) A ＿＿＿ B ＿＿＿

C ＿＿＿ D ＿＿＿

E ＿＿＿

(2) ア ＿＿＿ イ ＿＿＿

ウ ＿＿＿

(3) ＿＿＿ → ＿＿＿ → ＿＿＿ → ＿＿＿ → ＿＿＿

ヒント 火山噴火の時期が過去であるほど，遷移が進んでいると考える。

リフレクション

Reflection

次の2つの問いについて，それぞれ[ ]内の語を用いて答えよ。

❶ 相観について説明せよ。 [植生，占有する生活空間，優占種]

➡ 書けなかったら… 120 へ

❷ 二次遷移の特徴を説明せよ。 [植生，土壌，短期間]

➡ 書けなかったら… 128 へ

2つとも答えられたら次のテーマへ！

13 バイオーム

学習日	1回目	2回目
	／	／

学習のまとめ

1 バイオーム

地域ごとに形成された，互いに関係をもち，その環境に適応した特徴のある生物集団を(1　　　　)という。陸上の(1　　　　)は，そこに生育する植物に依存して成り立つため，植生の違いにより区別することができ，その(2　　　　)によって分類される。

2 バイオームの分布を決める要因

植物の生育に大きく影響する(3　　　　)と(4　　　　)はバイオームを決める重要な要因となっている。世界には，大まかに分けて，**森林**，**草原**，**荒原**のバイオームがみられる。

(例)(4　　　　)とバイオームの分布の関係

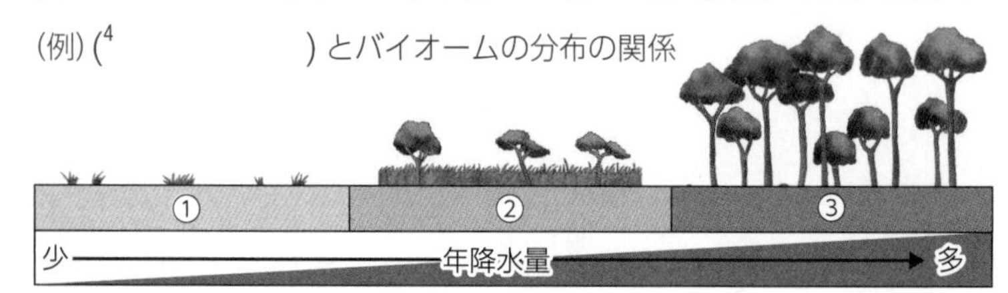

① 厳しい乾燥のため，(5　　　　)が極相となる。
② 多くの木本には水が足りず，(6　　　　)が極相となる。
③ 木本の生育に十分な水があり，(7　　　　)まで遷移が進む。

3 世界のバイオーム

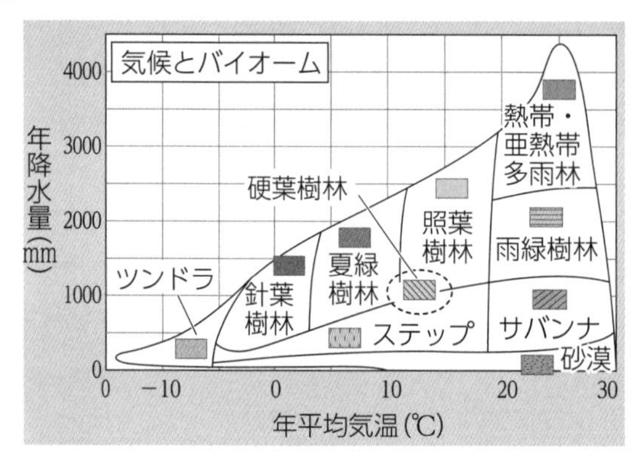

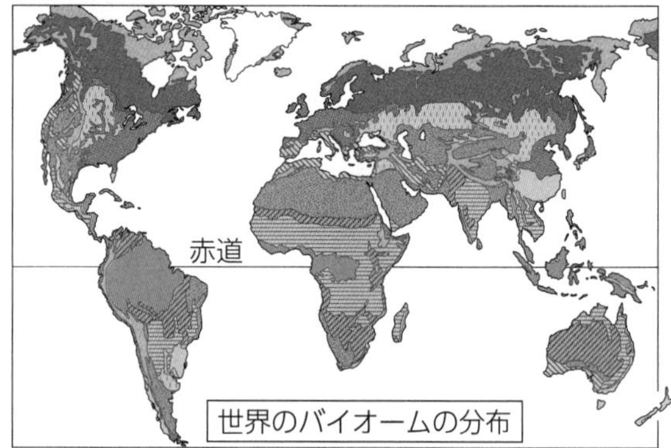

❶森林が成立する地域のバイオーム[年平均気温が－5℃以上で，年降水量が豊富]

気候帯	バイオーム	気候の特徴	主な植物
熱帯・亜熱帯	(8　　　　)	年間を通して高温多雨	常緑広葉樹の高木，つる植物，着生植物
	亜熱帯多雨林	亜熱帯で，多雨	常緑広葉樹：ガジュマル，アコウ
	(9　　　　)	雨季と乾季をくり返す	乾季に落葉する落葉広葉樹：チーク
温帯	(10　　　　)	温帯のなかでも温暖	クチクラ層が発達した常緑広葉樹：スダジイ，アラカシ，タブノキ
	(11　　　　)	冬：温暖で多雨 夏：暑くて乾燥	乾燥に適応した硬くて小さい葉をもつ常緑広葉樹：オリーブ，ユーカリ
	(12　　　　)	温帯のなかでも寒い	冬季に落葉する落葉広葉樹：ブナ
亜寒帯	(13　　　　)	冬は長く寒さが厳しい	常緑針葉樹：トドマツ，エゾマツ 落葉針葉樹：カラマツ

・(14　　　　)：熱帯・亜熱帯地域の河口部に広がる，泥質土壌での生育に適した樹木の森林。

❷草原が成立する地域のバイオーム［年平均気温が－５℃以上で，年降水量が少ない］

気候帯	バイオーム	気候の特徴	主な植物
熱帯	(15 　　　　)	雨季と乾季があり，年降水量が少ない	イネのなかまの草本が主体 アカシアなどの樹木がまばらに生育
温帯・亜寒帯	(16 　　　　)	温帯と亜寒帯で，年降水量が少ない	イネのなかまの草本が主体 樹木はほとんど生育しない

❸荒原が成立する地域のバイオーム［年平均気温や年降水量が極端に小さい］

気候帯	バイオーム	気候の特徴	主な植物
熱帯～亜寒帯	(17 　　　　)	年降水量 200 mm 未満	サボテン，トウダイグサのような乾燥に適応した多肉植物などが点在
寒帯	(18 　　　　)	年平均気温－５℃以下	地衣類，コケ植物，樹高の低い木本

4 日本のバイオーム

年降水量が豊富な地域では，年平均気温が－５℃以上で(19 　　　　)が成立する。この条件を満たすため，日本列島では，(19 　　　　)のバイオームがみられ，バイオームの分布は主に(20 　　　　)の違いによって決まる。

・(21 　　　　)：緯度の違いに伴うバイオームの分布。
・(22 　　　　)：標高の違いに対応したバイオームの分布。標高が(23 　　　　)m 高くなるごとに，**気温は約0.5～0.6℃ずつ低下**する。
・(24 　　　　)：高山などで，低温などの環境条件によって森林が成立できなくなる境界。これ以上の標高では高木が生育せず，ハイマツなどの低木からなる特有の植生や，(25 　　　　)(お花畑)が見られる。

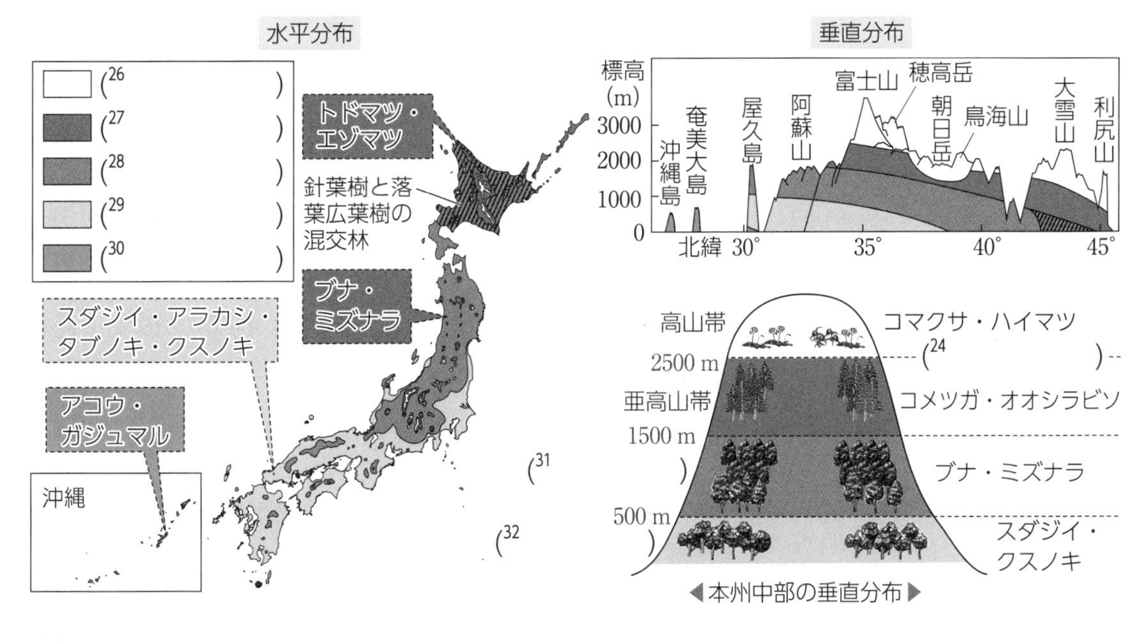

解答
1：バイオーム　2：相観　3：気温(年平均気温)　4：降水量(年降水量)　5：荒原　6：草原　7：森林　8：熱帯多雨林
9：雨緑樹林　10：照葉樹林　11：硬葉樹林　12：夏緑樹林　13：針葉樹林　14：マングローブ　15：サバンナ　16：ステップ
17：砂漠　18：ツンドラ　19：森林　20：気温(年平均気温)　21：水平分布　22：垂直分布　23：100　24：森林限界　25：高山草原
26：高山植生　27：針葉樹林　28：夏緑樹林　29：照葉樹林　30：亜熱帯多雨林　31：山地帯　32：丘陵帯

基本問題

知識

131. 気候とバイオーム 次の各問いに答えよ。

(1) 森林が成立する最小の年降水量は，年平均気温の低下に伴ってどのように変化するか。次の①～③から選べ。

① 変わらない　② 増加する　③ 減少する

(2) 次のバイオームを，年降水量が同程度のときに，成立する地域の年平均気温が高いものから順に並べよ。

夏緑樹林　ツンドラ　針葉樹林　照葉樹林

(3) 次のバイオームを，年平均気温が同程度のときに，成立する地域の年降水量が少ないものから順に並べよ。

雨緑樹林　熱帯多雨林　砂漠　サバンナ

(4) 気温とバイオームに関する次の①～③の文から，正しいものを1つ選べ。

① 気温はある境界で一変するため，バイオームも連続的に変化するのではなく，ある境界で一変する。

② 気温変化に伴うバイオームの変化は，その地域の気温に適応した特徴をもつ植物が優占種となっているためにみられる。

③ 年平均気温が20℃を上回る地域では，必ず森林が成立する。

知識

132. 遷移とバイオーム 次の(1)～(4)の文は気候条件と成立するバイオームの関係について述べている。それぞれ(a，b，c)のうち正しいものを選べ。

(1) 年平均気温が非常に低い地域では，植物の生育に必要な温度を上回る期間が短いため(a．森林，b．草原，c．荒原)が極相となる。

(2) 厳しい乾燥が続く地域では，乾燥に適応した植物しか生育できないため，(a．森林，b．草原，c．荒原)が極相となる。

(3) 年平均気温が極端に低くなく，木本の生育に必要な水が不足する地域では，(a．森林，b．草原，c．荒原)が極相となる。

(4) 気温と降水量が木本の生育に必要な条件を上回る地域では，(a．森林，b．草原，c．荒原)まで遷移が進む。

知識

133. 世界のバイオームの分布 世界のバイオームの分布を下図に示す。A～Fに分布するバイオームを，次の①～⑥からそれぞれ1つずつ選べ。

① 砂漠
② ステップ
③ サバンナ
④ 雨緑樹林
⑤ 照葉樹林
⑥ 針葉樹林

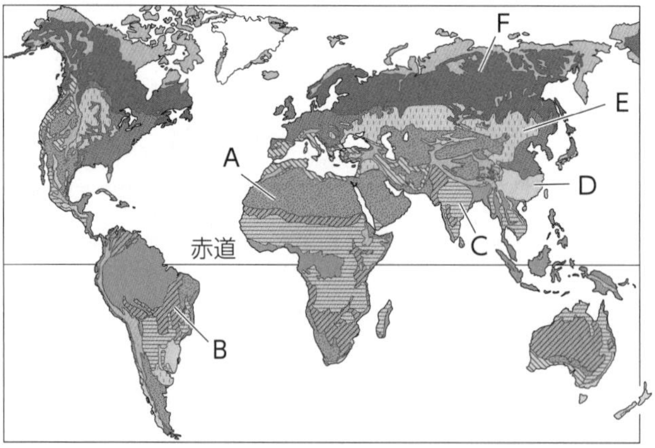

131.
(1)
(2) → → →
(3) → → →
(4)

132.
(1)
(2)
(3)
(4)

133.
A
B
C
D
E
F

☐ **134. 世界のバイオームと気候**　下図は，気候とバイオームの関係を示したものである。次の各問いに答えよ。 知識

(1) 図中のア～サに当てはまるバイオームを次の[語群]から選べ。

[語群]
照葉樹林　雨緑樹林　砂漠
硬葉樹林　亜熱帯多雨林
夏緑樹林　熱帯多雨林
針葉樹林　ツンドラ
ステップ　サバンナ

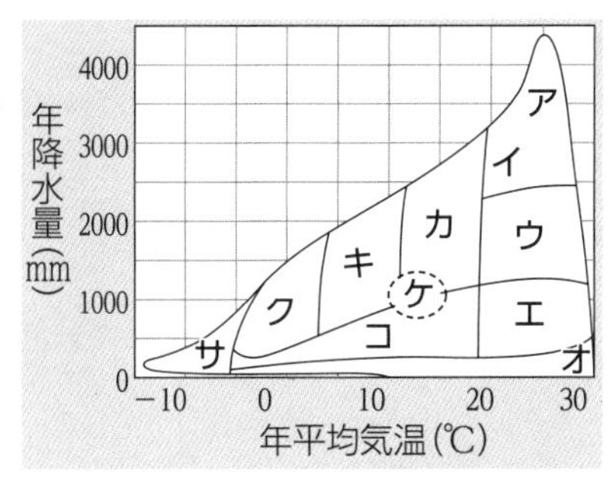

(2) ①～④の気候帯の地域にみられるバイオームとして適当なものを，それぞれ図中のア～サからすべて選べ。
① 熱帯・亜熱帯　② 温帯　③ 亜寒帯　④ 寒帯

☐ **135. バイオームの分布**　次の各問いに答えよ。 知識

(1) 下表のような気候と植生の特徴をもつA～Cの地域について，そこに分布していると考えられるバイオームを下の①～④からそれぞれ選べ。

地域	気　候	植　生
A	温帯で，冬に降水量が多く，夏に乾燥が激しい。	乾燥に適応した硬くて小さい葉をもつ常緑広葉樹。
B	熱帯で，雨季と乾季があり，年降水量が少ない。	草本が主体で，樹木がまばらに生育する。
C	年平均気温が－５℃以下。	地衣類やコケ植物が主体。

① サバンナ　② ステップ　③ 硬葉樹林　④ ツンドラ

(2) 次のア～ウのバイオームの特徴を下のa～cからそれぞれ選べ。また，ア～ウが分布する地域として最も適当なものを下の①～③からそれぞれ１つずつ選べ。

[バイオーム]　ア．雨緑樹林　イ．針葉樹林　ウ．砂漠

[特徴]
a．亜寒帯に分布し，多くは耐寒性の強い常緑針葉樹が優占。
b．熱帯に分布し，乾季に落葉する落葉広葉樹が優占。
c．年降水量 200 mm に達しない地域に分布し，厳しい乾燥に適応した植物が点在。

[地域]　① 北アメリカ北部　② アフリカ北部　③ 東南アジア

☐ **136. 温帯のバイオーム**　温帯のバイオームでみられる植物について述べた次の①～③の文のうち，下線部が正しいものには○，誤っているものには×を記せ。 知識

① 冬でも気温の高い暖温帯では，１年を通じて葉をつけている<u>常緑広葉樹</u>がみられる。
② 冷温帯で成立するバイオームでみられる主な植物として，<u>トドマツやエゾマツ</u>などがある。
③ 夏緑樹林では，<u>乾季</u>に葉を落とす樹木が優占種となる。

134.
(1) ア ＿＿　イ ＿＿　ウ ＿＿　エ ＿＿　オ ＿＿　カ ＿＿　キ ＿＿　ク ＿＿　ケ ＿＿　コ ＿＿　サ ＿＿
(2) ① ＿＿　② ＿＿　③ ＿＿　④ ＿＿

135.
(1) A ＿＿　B ＿＿　C ＿＿
(2) 特徴　地域
ア ＿＿ ＿＿
イ ＿＿ ＿＿
ウ ＿＿ ＿＿

ヒント
気温と降水量の両方の特徴から判断する。

136.
① ＿＿　② ＿＿　③ ＿＿

137. バイオームと植物

知識

次のア～オは，それぞれあるバイオームが成立する地域において，特徴的にみられる植物の特性を述べている。

ア．地衣類・コケ植物や，樹高が極めて低い木本
イ．厳しい乾燥に耐えることができるよう，水をからだに蓄える多肉植物
ウ．雨季に葉をつけ，乾季に落葉する落葉広葉樹
エ．夏季に葉をつけ，冬季に落葉する落葉広葉樹
オ．表面に発達したクチクラ層をもつ常緑広葉樹

(1) ア～オの文と，成立するバイオームの組み合わせとして正しいものを，次の①～⑤から1つ選べ。
① ア―ステップ　② イ―ツンドラ　③ ウ―雨緑樹林
④ エ―照葉樹林　⑤ オ―針葉樹林

(2) ア～オの特性をもつ植物を，次のa～eからそれぞれ1つずつ選べ。
a．スダジイ　b．コケモモ　c．サボテン
d．チーク　e．ブナ

137.
(1)
(2) ア　イ
ウ　エ
オ

138. 水平分布

知識

右図は，日本のバイオームの分布を示している。

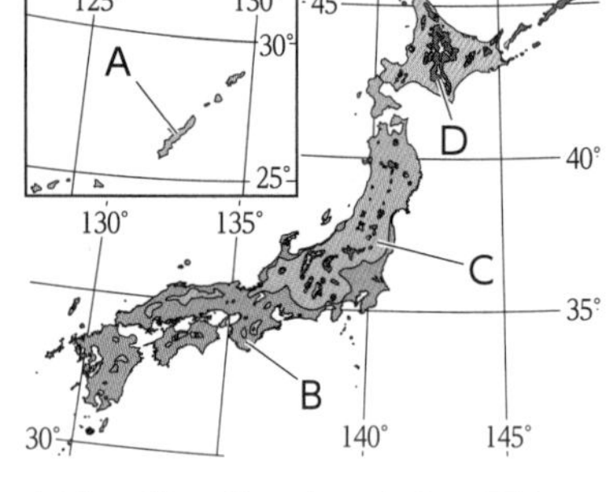

(1) A～Dが示すバイオームをそれぞれ答えよ。

(2) A～Dのバイオームで代表的な植物を，次の[語群]からそれぞれ選べ。
[語群]　ブナ　ガジュマル
トドマツ　タブノキ

(3) 日本のバイオームの分布について述べた次の①～④の文のうち，正しいものをすべて選べ。
① 降水量が豊富であるため，バイオームの分布は主に気温に左右される。
② 針葉樹林，照葉樹林，夏緑樹林，雨緑樹林がみられる。
③ 日本では，常緑樹が優占するバイオームしかみられない。
④ 緯度の違いに伴うバイオームの分布がみられる。

138.
(1) A
B
C
D
(2) A
B
C
D
(3)

139. 日本のバイオーム

知識

次のA～Dは，日本の異なるバイオームでみられる植物の写真である。各植物の名前を①～④から，各植物がみられるバイオームが成立する地域をア～エからそれぞれ選べ。

A

B
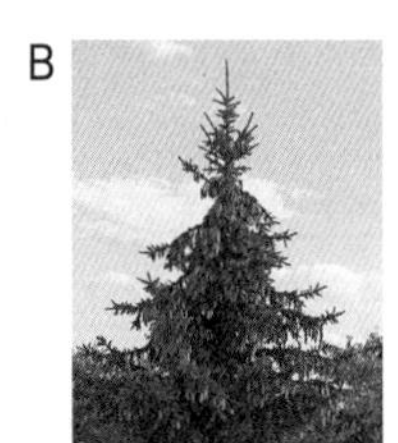
C

D

[植物]　① クスノキ　② エゾマツ
③ ブナ　④ ヒカゲヘゴ

[地域]　ア．本州東北部・北海道西南部　イ．沖縄・九州南端
ウ．九州・四国・本州西南部　エ．北海道東北部

139.

	植物	地域
A		
B		
C		
D		

140. 垂直分布 知識 下図は，日本の本州中部付近でみられる植生の垂直分布を模式的に示している。なお，a～dの植生はそれぞれ異なる。

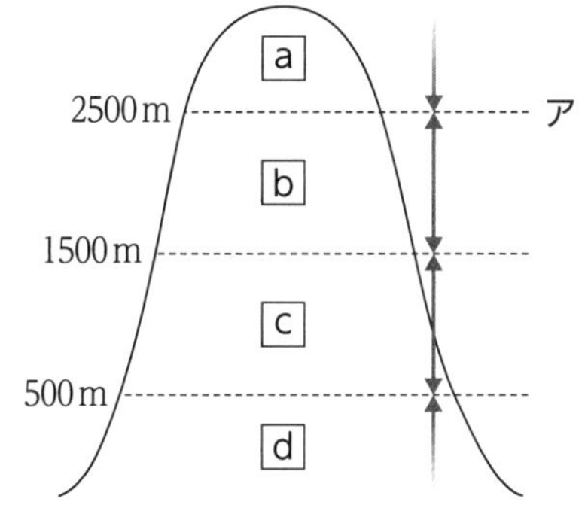

(1) a～dにみられる植生を，次の①～④からそれぞれ選べ。
① 針葉樹林　② 夏緑樹林
③ 照葉樹林　④ 高山植生

(2) a～dは何帯と呼ばれるか。次の[語群]からそれぞれ選べ。
[語群]　山地帯　丘陵帯
　　　　高山帯　亜高山帯

(3) 図中のアの境界の名称を答えよ。

(4) aでみられる，草本の高山植物が群生する植生を何というか。

141. 日本のバイオームの垂直分布 知識 下図は，日本列島における，標高の違いに対応したバイオームの分布を模式的に示したものである。これについて，次の各問いに答えよ。

標高(m) 3000 2000 1000 0　沖縄島　屋久島　富士山　朝日岳　大雪山　ア　イ　ウ　エ　A　B　C　D　E　30°　35°　40°　45°　北緯

(1) 下線部のような分布を何というか。

(2) ア～エのうち，森林限界を示す線を1つ選べ。

(3) A～Eに当てはまるバイオームを，次の[語群]からそれぞれ選べ。
[語群]　夏緑樹林　照葉樹林　針葉樹林　高山植生
　　　　亜熱帯多雨林

(4) 次の①～⑤の植物の組み合わせがみられるのはどこか。それぞれA～Eから1つずつ選べ。
① シラビソ，コメツガ　② クロユリ，ハイマツ
③ ブナ，ミズナラ　④ ガジュマル，アコウ
⑤ スダジイ，クスノキ

142. 暖かさの指数 知識 次の文章を読み，下の各問いに答えよ。

暖かさの指数は，気温とバイオームの関係を示す指数である。日本のように，(　①　)が多く，(　②　)が形成される地域では，年平均気温よりも(　③　)の方が実際に形成されるバイオームに対応している場合がある。

(1) 文章中の空欄に当てはまる語を，次の[語群]から1つずつ選べ。
[語群]　暖かさの指数　森林　年降水量

(2) 日本のある2つの地点A，Bで暖かさの指数を調べたところ，次の結果が得られた。下表を参照して，それぞれの地点のバイオームを推測せよ。
地点A：78，地点B：175

暖かさの指数	バイオーム	暖かさの指数	バイオーム
0～15	ツンドラ	85～180	照葉樹林
15～45	針葉樹林	180～240	亜熱帯多雨林
45～85	夏緑樹林	240以上	熱帯多雨林

140.
(1) a　b　c　d
(2) a　b　c　d
(3)
(4)

141.
(1)
(2)
(3) A　B　C　D　E
(4) ①　②　③　④　⑤

142.
(1) ①　②　③
(2) A　B

思考 論述

143. 世界のバイオーム 下図は，世界のバイオームの分布を模式的に示したものである。これについて，下の各問いに答えよ。

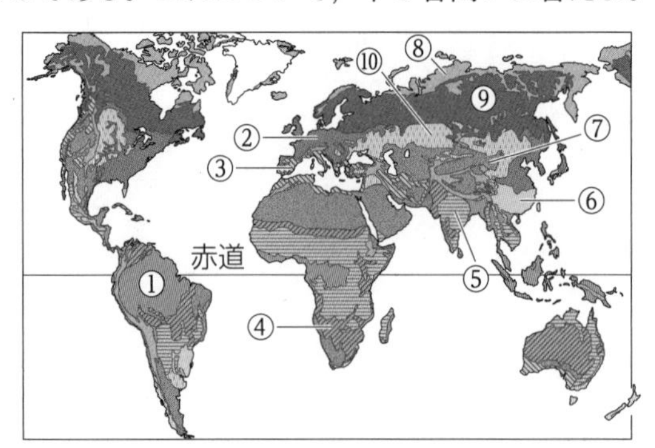

(1) 次のア～ウのバイオームは，①～⑩のどの地域でみられるか。

ア．熱帯・亜熱帯多雨林　　イ．夏緑樹林　　ウ．照葉樹林

(2) 次のa～dは，①～⑩のどこに分布するバイオームに特徴的な植生か。最も適当なものをそれぞれ選べ。

a．樹木がまばらにみられる，イネのなかまの植物の草原

b．乾季に落葉する落葉広葉樹がみられる森林

c．耐寒性の強い常緑針葉樹が優占する森林

d．乾燥に適応した多肉植物などが点在する荒原

(3) ⑩でみられるバイオームの名称を答えよ。また，そのバイオームが成立する理由を，降水量に着目して述べよ。

(4) ①の一部には，河口付近に泥質土壌での生育に適した樹木がみられる。この樹木からなる森林を何というか。

143.

(1) ア　　イ

ウ

(2) a　　b

c　　d

(3) バイオーム

理由

(4)

(2) ⑤は乾季と雨季がある地域を示している。

思考

144. 世界のバイオームと気候 次のA～Cのグラフはある地点における年間の月平均気温(t)と月降水量(p)を示しており，グラフ中の縦線部は植物にとって水が充足した時期，細点部は水が不足した時期を示している。下の各問いに答えよ。

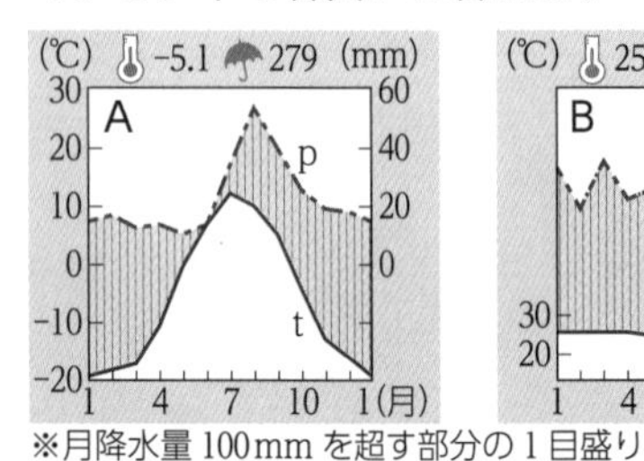

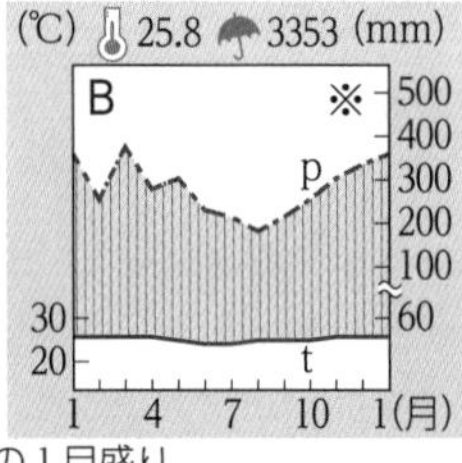
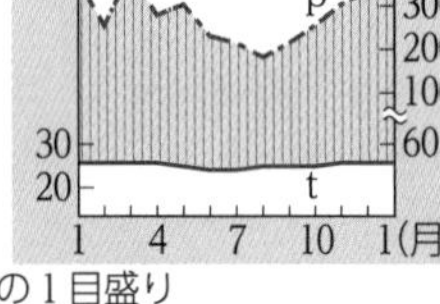

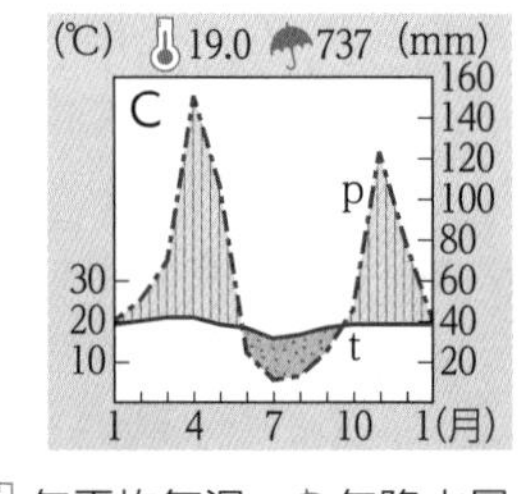

※月降水量100mmを超す部分の1目盛りはスケールを縮めて示してある。

年平均気温　年降水量

(1) それぞれのグラフの特徴を下表の①～③から選べ。

	月平均気温	月降水量
①	年間を通して高い。	雨季と乾季が明確で，年間を通して少ない。
②	年間を通して高い。	年間を通して多い。
③	年間を通して低い。	年間を通して少ない。

(2) A～Cのグラフに対応するバイオームを答えよ。

144.

(1) A　　B

C

(2) A

B

C

ヒント

グラフ中で，縦線部と細点部が分かれている場合，雨季と乾季が明確であるといえる。

知識

145. 気候とバイオーム

下図は，陸上のバイオームと，それらが分布する地域の年降水量と年平均気温との関係を示したものである。

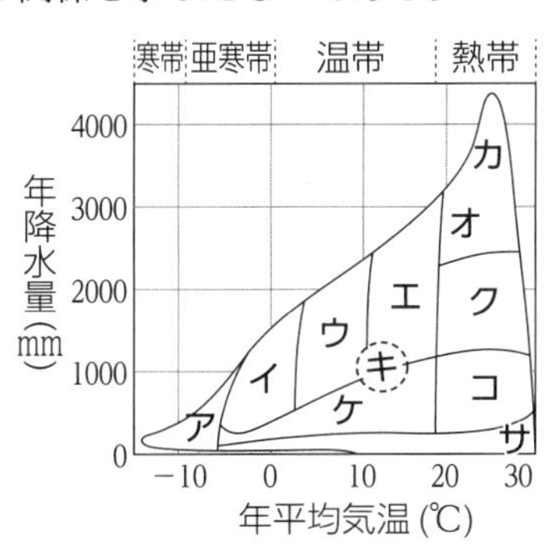

(1) 図中のア，ウ，エ，ケに当てはまるバイオームをそれぞれ答えよ。

(2) 次の①～④の植物が代表的な植物となるバイオームを，ア～サからそれぞれ1つずつ選べ。

① オリーブ　② サボテン
③ チーク　④ ブナ

(3) ア～サのうち，日本の低地に分布するバイオームをすべて選べ。

思考　論述　計算

146. 日本のバイオーム

次の各問いに答えよ。

(1) 下図は，日本列島におけるバイオームの垂直分布を示したものである。北緯45°の平地でみられるバイオームは，北緯35°では標高約何m以上の場所にみられるか。最も適当な値を次の①～④から1つ選べ。

① 500 m
② 1200 m
③ 1800 m
④ 2800 m

標高(m)　3000　2000　1000　0　森林限界　富士山　屋久島　鳥海山　大雪山　北緯　30°　35°　40°　45°

(2) 森林限界を，次の[語群]中の語をすべて用いて説明せよ。

[語群]　低温　森林　標高

(3) 下表は，日本のある地域における月平均気温を示している。この地域の暖かさの指数を求めよ。

月	1	2	3	4	5	6	7	8	9	10	11	12
気温(℃)	0.1	0.5	3.6	7.6	12.6	17.2	20.9	22.9	19.4	14.0	7.9	2.9

145.

(1) ア

ウ

エ

ケ

(2) ①　②

③　④

(3)

ヒント

(3) 日本では，主に森林のバイオームが成立する。

146.

(1)

(2)

(3)

ヒント

(3) 暖かさの指数は，月平均気温が5℃を超える月の月平均気温から5を引き，1年間分を合計した値として求められる。

第4章 植生と遷移

リフレクション　Reflection

次の2つの問いについて，それぞれ[　]内の語を用いて答えよ。

❶ 荒原や草原のバイオームがみられる理由を説明せよ。　[乾燥，寒さ，遷移]

➡ 書けなかったら… 132，143 へ

❷ 日本列島にさまざまな森林のバイオームが成立する理由を説明せよ。　[年降水量，緯度]

➡ 書けなかったら… 138 へ

2つとも答えられたら次のテーマへ！

14 第4章　章末問題

学習日　1回目　／　2回目　／

思考　論述

147. 光環境と遷移　次の文章を読み，下の各問いに答えよ。

ₐ土壌が発達しておらず，植物の種子・根がない裸地には，ᵦ地衣類やコケ植物などが最初に進入してくる場合が多い。これらが定着すると土壌がつくられはじめ，草原や低木林などを経て，陽樹林が形成される。その後，混交林を経て，c構成種の変化が少ない安定した陰樹林となる。

(1) 下線部aのような場所からはじまる遷移を何というか。

(2) 下線部bのような，遷移の初期段階で進入する種を何と呼ぶか。

(3) ある場所での遷移の初期段階では，ススキが確認された。この種が遷移の初期段階の土地に進入できる理由には，貧栄養や乾燥に強いこと以外にどのようなものがあるか。簡潔に述べよ。

(4) 右図は，光環境と光合成との関係を模式的に示したものである。遷移初期にみられる植物の光合成の特徴を表しているのはA，Bのどちらか。また，そのように考えた理由を簡潔に述べよ。

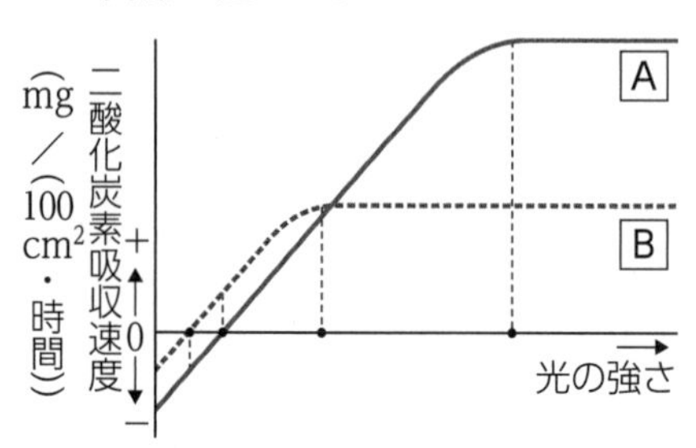

(5) 下線部cの状態の森林を何と呼ぶか。また，陰樹林となって安定する理由を述べよ。

147.
(1)
(2)
(3)
(4)
理由
(5)
理由

ヒント
(4) 遷移初期の光環境を考える。

知識

148. 日本の植生　日本のA～Cの地域の極相林において，各階層を構成する代表的な植物を調査した。その結果を下表に示す。これについて，下の各問いに答えよ。

	A	B	C
高木層	ブナ	トドマツ	スダジイ
亜高木層	イロハモミジ	ウラジロモミ	ヤブツバキ
低木層	クロモジ	ナナカマド	ヒサカキ
草本層	カタクリ	サンカヨウ	ヤブラン

(1) 植生の相観を決定づける種を何というか。

(2) A～Cの地域に分布するバイオームの種類を答えよ。

(3) A～Cの地域の森林の高木層において，表中に示した樹木の他に観察された樹木として最も適当なものを，次の①～④から1つずつ選べ。

① タブノキ　② ミズナラ　③ エゾマツ　④ アコウ

(4) Cの森林を伐採して放置したところ，数年後に二次林が再生した。この二次林の優占種は何と考えられるか。[語群]から1つ選べ。

[語群]　アカマツ　ブナ　コメツガ

148.
(1)
(2) A
B
C
(3) A　B　C
(4)

ヒント
(4) Cの気候帯に適応した陽樹が生育しやすい。

思考　論述

149. 生物の活動と遷移　遷移の進行には，生物の活動も関わっている。どのような関わり合いによって遷移が進行するか，次の[語群]の語をすべて用いて述べよ。

[語群]　生物の活動　環境　適応

149.

ヒント
植物が成長すると，地表付近の光環境が変化する。

思考 論述

150. 垂直分布 次のA～Dの地域について，下の各問いに答えよ。

A：九州地方　B：本州中部　C：東北地方　D：北海道東北部

(1) A，Cの低地の気候帯と，そこに分布するバイオームを答えよ。

(2) 日本でのバイオームの分布を決める主な気候の要因は何か。

(3) 下図は，植生の垂直分布を模式的に示したものである。A～Dの地域における垂直分布を示したものとして最も適当な図を，ア～エから1つずつ選べ。ただし，図の山や境界の高さは，実際の高さを反映していない。

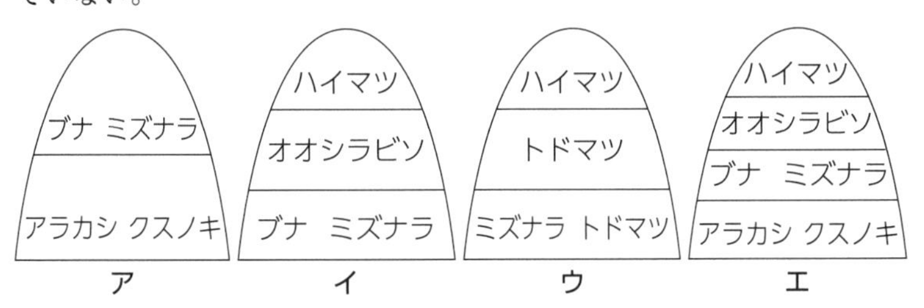

(4) 標高が高くなると植生が変化する理由を述べよ。

思考 論述

力だめし④ 土壌とバイオーム

右図は，世界のある3つの地点ア～ウにおける，土壌中の有機物量と1年間の落葉・落枝供給量の関係を示したものである。土壌表面に堆積した落葉・落枝が分解されて有機物ができ，それらがさらに分解されて無機物となる。次の各問いに答えよ。

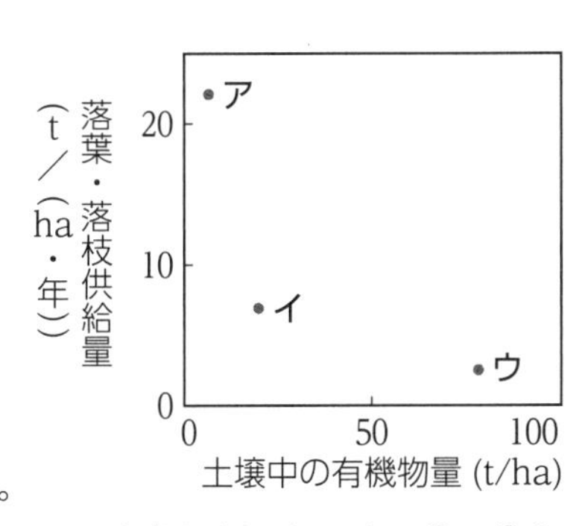

(1) ア～ウの地域について述べた文として適当なものを，次の①～③からそれぞれ1つずつ選べ。

① 冬に枯れ落ちた広葉が、土壌有機物の主な供給源となっている。腐植のたまる層が発達し，土壌生物が多く存在しており，有機物を分解している。

② 低温のため，有機物の分解がきわめて遅い。

③ 多種類の植物が繁茂し、落葉・落枝供給量が多く，有機物の分解も速い。また、生じた無機物はすみやかに植物に吸収される。

(2) ア～ウの地点を，落葉・落枝を分解して生じた土壌中の有機物の無機物への分解が速い順に並べたものとして正しいものを，次の①～④から1つ選べ。

① ア→イ→ウ　② イ→ウ→ア

③ ウ→ア→イ　④ ア→ウ→イ

(3) ア～ウの地点にみられるバイオームを，次の①～④からそれぞれ1つずつ選べ。

① ツンドラ　② ステップ　③ 夏緑樹林　④ 熱帯多雨林

(4) 土壌中に団粒ができることは植物の生育にとって有利となる。その理由を次の[語群]の語をすべて用いて説明せよ。

[語群]　団粒　水分　通気性

150.

(1) A：気候帯

バイオーム

C：気候帯

バイオーム

(2)

(3) A　B

C　D

(4)

ヒント

(3) 標高の低い場所の植生が，日本の植生の水平分布と対応している。

力だめし④

(1) ア

イ

ウ

(2)

(3) ア

イ

ウ

(4)

ヒント

(3) 気温が高い地域の方が細菌などの活動が活発で、有機物の分解が速い。

15 生態系と生物の多様性

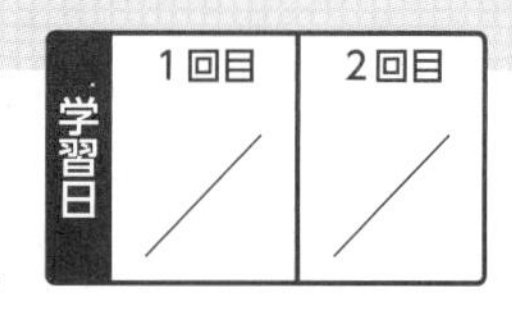

学習のまとめ

1 生態系の成り立ち

生物とそれらを取り巻く環境を物質循環と生物どうしの関係性をふまえて1つの機能的なまとまりとしてとらえたものを(1　　　　)という。ある生物にとっての環境は，温度，光，水，大気，土壌などからなる(2　　　　)と，同種・異種の生物からなる(3　　　　)に分けられる。

・(4　　　　)…無機物から有機物をつくる独立栄養生物。植物，藻類など。
・(5　　　　)…外界から有機物を取り入れて生活する従属栄養生物。動物や多くの菌類・細菌など。

このうち，遺骸や排出物を利用するものを(6　　　　)と呼ぶことがある。

それぞれの生物の生活は環境と密接に関わっているため，環境によって生物の(9　　　　)の多様性は異なる。生物の(9　　　　)の多様性も含めて，生物にみられる多様性を(10　　　　)という。

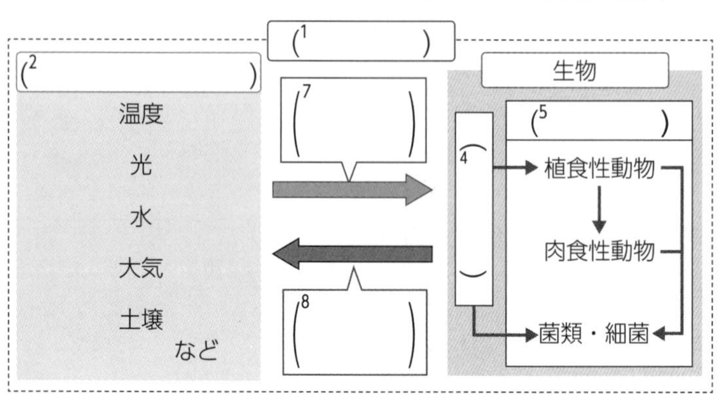

2 生態系における生物どうしの関わり

❶食物連鎖と食物網

被食者と捕食者とのつながりを(11　　　　)といい，そのなかでも遺骸などからはじまるものを特に(12　　　　)と呼ぶ。(11　　　　)は，実際には複雑な網目状の関係となっており，このようなつながりを(13　　　　)という。また，生態系において，栄養分の摂り方によって生物を段階的に分けたものを(14　　　　)という。

❷種の多様性と生物間の関係性

生態系で(13　　　　)の上位にあって他の生物の生活に大きな影響を与える種を(15　　　　)と呼ぶ。(15　　　　)の消失は，その生態系を構成する他の種の個体数に大きな変化を与え，場合によっては(16　　　　)をもたらす。

直接的な捕食―被食の関係がない生物種間においても，個体数に影響が及ぶことがある。2種の生物間にみられる捕食―被食のような関係が，その2種以外の生物に影響を及ぼすことがある。このとき，その影響は(17　　　　)と呼ばれる。

食害の減少((17　　　　))
ケルプ　←摂食―　ウニ　←捕食―　ラッコ

解答

1：生態系　2：非生物的環境　3：生物的環境　4：生産者　5：消費者　6：分解者　7：作用　8：環境形成作用
9：種　10：生物多様性　11：食物連鎖　12：腐食連鎖　13：食物網　14：栄養段階　15：キーストーン種　16：絶滅
17：間接効果

基本問題

📖知識

151. 生態系の構造

次の文章中の空欄に適する語を，下の[語群]からそれぞれ選べ。なお，文章と図で記号が同じ箇所には，同じ語が当てはまる。

生物にとっての環境は，温度，光などからなる（　ア　）と，同種・異種の生物からなる（　イ　）に分けて考えることができる。（　ア　）と（　イ　）とを（　ウ　）や生物どうしの関係性をふまえて１つの機能的なまとまりとしてとらえたものを（　エ　）という。（　エ　）内では，（　ア　）が生物にさまざまな影響を及ぼしており，この働きかけを（　オ　）という。また，生物も（　ア　）に影響を及ぼしており，この働きかけを（　カ　）という。環境によって，生物種の多様さである生物の（　キ　）は異なっている。（　キ　）も含め，生物にみられる多様性は（　ク　）と呼ばれる。

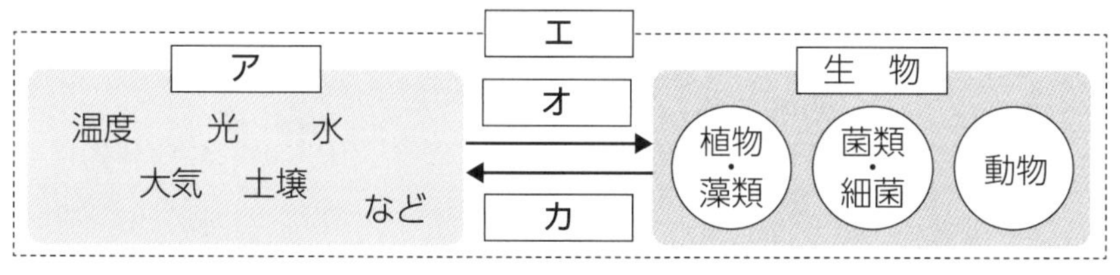

[語群]　生物的環境　生物多様性　非生物的環境　生態系
　　　　種の多様性　物質循環　環境形成作用　作用

151.
ア
イ
ウ
エ
オ
カ
キ
ク

📖知識

152. 補償深度

下図は，水深の変化に伴う，水中の生産者における光合成量・呼吸量の変化を示している。これについて，次の各問いに答えよ。

(1) a，b はそれぞれ生産者の光合成量・呼吸量のどちらを示しているか。

(2) c の深さを何というか。次の[語群]から選べ。

[語群]　限界深度　飽和深度
　　　　補償深度

(3) 水があまり濁っていない湖沼では，水の濁りが大きい湖沼に比べて c の水深はどうなると考えられるか。次の①～③から１つ選べ。

①　浅くなる　②　変化しない　③　深くなる

(4) 水界における消費者として**適当でないもの**を，次の①～④から１つ選べ。

①　貝類　②　動物プランクトン　③　魚類　④　植物プランクトン

152.
(1) a
b
(2)
(3)
(4)

ヒント
(3) 水の濁りが小さいと，より深くまで光が届く。

📖知識

153. 農村の生態系

農村の生態系について述べた次の文章中の空欄（　ア　）～（　エ　）に当てはまる語を下の[語群]から選べ。

農村などにみられる水田や畑と，その周囲に広がる雑木林や草地が存在する一帯である（　ア　）では，環境に人間の手が加わることで多くの生物の生活が成立している。たとえば，水田では水底まで光が入り，（　イ　）が繁茂している。それらの（　イ　）を食べる（　ウ　）などの小動物も生息している。さらにそれらを捕食する（　エ　）などの鳥類も存在している。

[語群]　都市生態系　里山　藻類　リス
　　　　タニシ　アオサギ　イヌワシ

153.
ア
イ
ウ
エ

154. 📖知識 **食物連鎖** 下図は，食物連鎖を模式的に示したものである。これについて，下の各問いに答えよ。

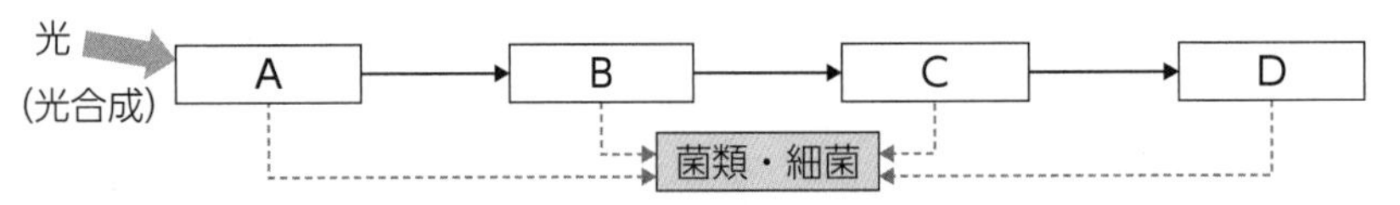

(1) A～Dの生物を表す語として適当なものを，①～④からそれぞれ選べ。
① 一次消費者　② 二次消費者　③ 三次消費者　④ 生産者

(2) A～Dのうち，植食性動物と肉食性動物をそれぞれ選べ。

(3) 次の①～④の生物が図のような関係でつながっている生態系において，A～Dにあたる生物を，次の①～④からそれぞれ1つずつ選べ。
① オオタカ　② オオバコ　③ バッタ　④ シジュウカラ

154.
(1) A　B　C　D
(2) 植食性動物
肉食性動物
(3) A　B　C　D

ヒント
(3) オオバコは草本，シジュウカラは小型の鳥，オオタカは大型の鳥である。

155. 📖知識 **キーストーン種** 右図のような食物網がみられる生態系で，a種を除去したところ，b種が著しく増加してc種とd種，e種がほとんどみられなくなった。

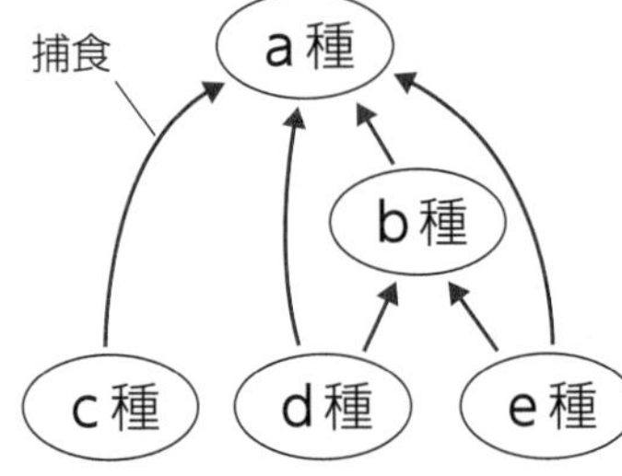

(1) 生態系で食物網の上位にあって他の生物の生活に大きな影響を与える種を何と呼ぶか。

(2) この生態系で，(1)に当てはまるのはa～e種のうちどれか選べ。

(3) (2)の生物がこの生態系へ与えていたと考えられる影響として最も適当なものを，次の①～③から1つ選べ。
① 他種を駆逐して，ある1種による生息地の独占を可能にしていた。
② 他種を捕食することで，多様な生物の共存を可能にしていた。
③ 他種と雑種を形成し，多くの生物の生息を可能にしていた。

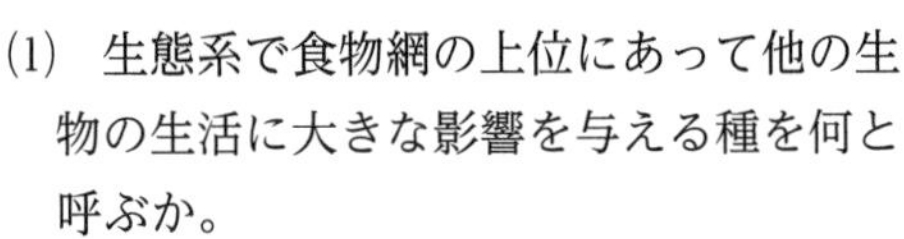

155.
(1)
(2)
(3)

156. 📖知識 **間接効果** 下図は，北太平洋のアリューシャン列島近海における食物連鎖を示したものである。これについて，下の各問いに答えよ。

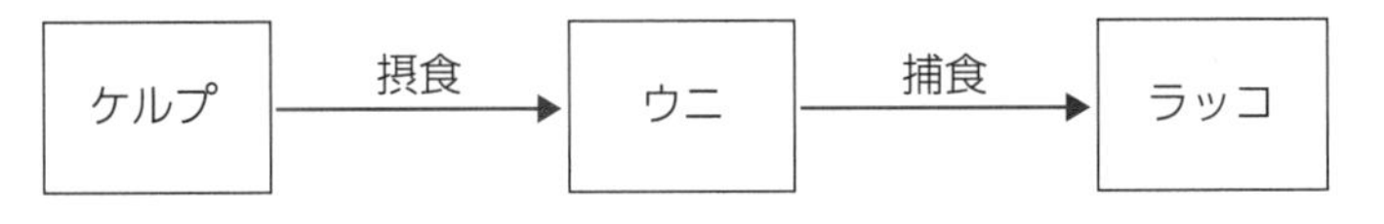

(1) アリューシャン列島近海において，ラッコの個体数が減少した場合のウニとケルプの個体数に関する記述として最も適当なものを，次の①～④から1つ選べ。
① ウニとケルプともに個体数が増加する。
② ウニの個体数が増加して，ケルプの個体数が減少する。
③ ウニの個体数が減少して，ケルプの個体数が増加する。
④ ウニとケルプの個体数は変化しない。

(2) アリューシャン列島近海において，ケルプの個体数が維持されている理由について述べた次の文章中の空欄に当てはまる語を答えよ。

(ア)が，ケルプを摂食する(イ)を捕食することで，ケルプの個体数が維持されている。このように，2種の生物間にみられる関係が，その2種以外の生物に及ぼす影響を(ウ)という。

156.
(1)
(2) ア
イ
ウ

思考　実験・観察　論述

157. 土壌動物の観察

右図は，ツルグレン装置の構造を示している。

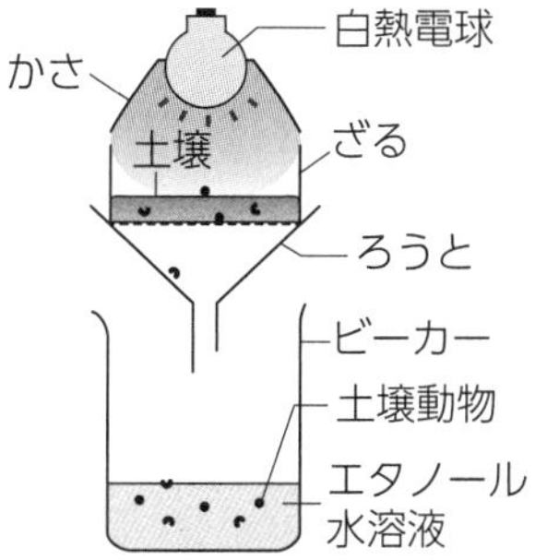

(1)　土壌動物を採取するために，上部から白熱電球で照らす理由を答えよ。

(2)　ビーカーにエタノール水溶液を入れる理由として最も適当なものを，次の①～③から１つ選べ。

①　土壌動物を生きたまま観察するため。

②　土壌動物を生きた姿に近い状態で保存して，腐敗を防ぐため。

③　土壌動物を染色して観察しやすくするため。

思考

158. 種の多様性

右図は，ある海岸の岩場にみられる食物網の一部を示している。なお，太い矢印は，細い矢印の生物よりも多く捕食されていることを示す。

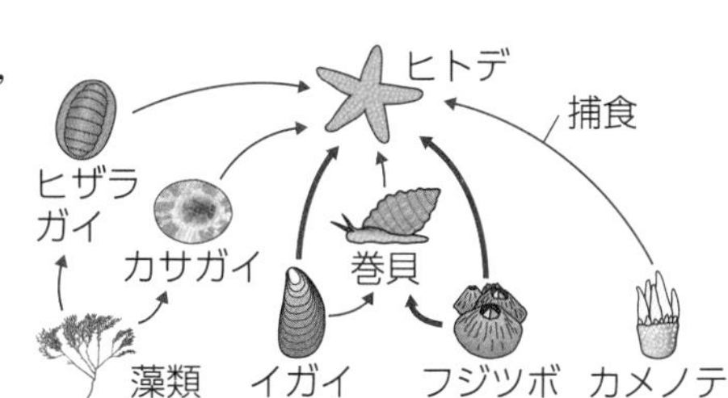

この海岸の実験区からヒトデを取り除くと，岩場はイガイに埋め尽くされ，生物の種数が大きく減少した。一方，ヒトデを取り除かなかった対象区では，種数に変化はみられなかった。この実験の考察として**適当でないもの**を，次のＡ～Ｄの文章から２つ選べ。

Ａ．ヒトデがイガイなどを捕食することで，多様な生物種が共存することができていた。

Ｂ．イガイは繁殖能力がとても強いため，ヒトデを取り除かなくても，いずれは岩場を埋め尽くすことができたと考えることができる。

Ｃ．ヒザラガイやカサガイの激減は，イガイによる捕食が原因である。

Ｄ．イガイが増加したのは，ヒトデによる捕食がなくなったためと考えられる。

157.

(1)

(2)

ヒント

(1)　土壌動物は，暗く湿った場所で生活する。

158.

ヒント

対照区ではヒトデが存在している状態の海岸が保たれており，実験区と比べることでヒトデが与える影響を考察できる。

第5章　生態系とその保全

リフレクション　Reflection

次の２つの問いについて，それぞれ［　］内の語を用いて答えよ。

❶ 生態系とはどのようなものかを説明せよ。　［生物，環境，物質循環］

➡ 書けなかったら… 151 へ

❷ キーストーン種の消失が種の多様性にもたらす影響を説明せよ。　［生態系，個体数］

➡ 書けなかったら… 155，158 へ

２つとも答えられたら次のテーマへ！

16 生態系のバランスと保全

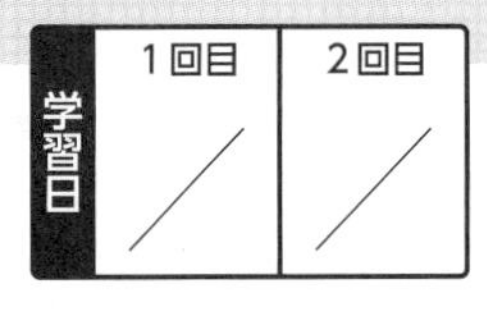

学習のまとめ

1 生態系の変動と安定性

生態系を構成する生物の個体数などは，右図のように([1]　　　　)に変動することが多いが，ある範囲内で変動しながらも([2]　　　　　)が保たれている。

河川などに流入した汚濁物質が，生物の働きや，泥や岩への吸着などによって減少していく作用を([3]　　　　　　)と呼ぶ。このように，生態系は，撹乱を受けても，撹乱の程度が小さければ生態系の([4]　　　　　)によって元の状態に戻る。生態系の([4]　　　　　)を超えるような撹乱がおこると，生態系の([2]　　　　　)が崩れ，場合によっては元に戻らないことがある。

個体数(相対値)
オオヤマネコ
カンジキウサギ
1890　1990　1910　1920　1930
年

2 人間活動による生態系への影響とその対策

❶人間活動に伴う生態系の生物多様性の低下の原因

①人間活動による地球環境の変化	CO_2などの([5]　　　　　　)ガスの増加によって，地球の気温が上昇する現象である([6]　　　　　　)が起こり，生物の生息環境が変化・消失している。
②人間による生物や物質の持込み	人間活動によって本来の生息場所から別の場所に持ち込まれ，そこにすみ着いた生物を([7]　　　　　　)という。([7]　　　　　　)が侵入した生態系で上位の捕食者となると([8]　　　　　)が個体数を減らすことがある。
③自然に対する働きかけの縮小	([9]　　　　　)などの人間が自然に働きかけることによって維持されていた環境が減少している。
④開発による生息地の変化	道路建設や河川の修復などによって生物の([10]　　　　　)が分断されることがある。日本では，開発を行う際に，それが環境に及ぼす影響を事前に調査，予測，評価する([11]　　　　　　　　)の実施が義務付けられている。

・([12]　　　　　　　　)…移入先で，生態系や人間生活に大きな影響を与える([7]　　　　　　)。

❷絶滅危惧種

地球上には絶滅のおそれがある生物が多く存在し，これらを([13]　　　　　　　)と呼ぶ。

・([14]　　　　　　　)…絶滅のおそれがある生物について，その危険を判定して分類したもの。

・([15]　　　　　　　　)…([14]　　　　　　　　)にもとづき，その生物の分布や生息状況，絶滅の危険度などをより具体的に記載したもの。

❸生態系サービス

私たちが生態系から受けるさまざまな恩恵は([16]　　　　　　　　)と呼ばれる。私たちが現状の([16]　　　　　　　)を受け続けるには，([17]　　　　　　　)の高い生態系を維持する必要がある。

解答

1：周期的　2：バランス　3：自然浄化　4：復元力　5：温室効果　6：地球温暖化　7：外来生物　8：在来種　9：里山
10：生息地　11：環境アセスメント(環境影響評価)　12：侵略的外来生物　13：絶滅危惧種　14：レッドリスト
15：レッドデータブック　16：生態系サービス　17：生物多様性

知識
159. バランスと変動
下のグラフは，ある地域における，カンジキウサギとその捕食者のオオヤマネコの個体数の変動を表している。このグラフの説明として正しいものを，次の①～④からすべて選べ。

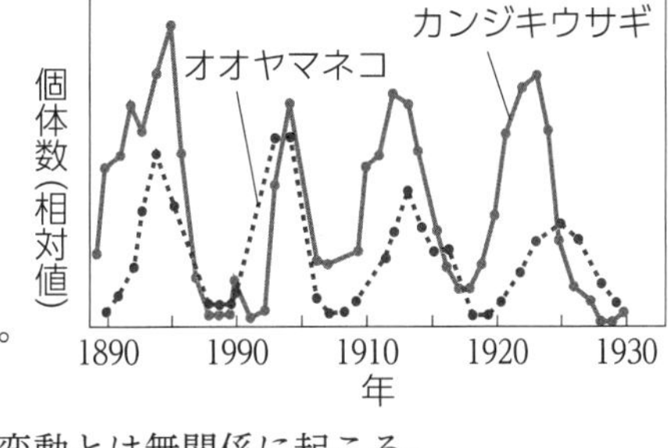

① オオヤマネコの個体数の変動は，カンジキウサギの個体数の変動と同時に起こる。
② オオヤマネコの個体数の変動は，カンジキウサギの個体数の変動と少し時期がずれて起こる。
③ オオヤマネコの個体数の変動は，カンジキウサギの個体数の変動とは無関係に起こる。
④ オオヤマネコもカンジキウサギも個体数は一定の範囲で変動している。

159.

知識
160. 自然浄化
次の文章を読み，下の各問いに答えよ。

河川に有機物などの汚濁物質が流入すると，細菌が(　ア　)を消費してこれを分解するため，水中の(　ア　)が減少する。有機物の分解によって(　イ　)がふえると，これを吸収して(　ウ　)が増加し，(　ア　)がふえる。汚濁物質や(　イ　)が減少すると，水質は元の状態に戻る。しかし，(　イ　)が過剰に供給され蓄積すると，富栄養化の原因となる。

(1) 文章中の空欄に当てはまる語を次の[語群]から選べ。
[語群]　栄養塩類　酸素　水素　プランクトン　藻類

(2) 下線部について，次の①～③の文のうち，**誤っているもの**を1つ選べ。
① 富栄養化は人間活動によるものであり，自然界ではみられない。
② 富栄養化が起こると，赤潮やアオコが発生することがある。
③ 富栄養化が原因で，元の生態系が別の状態に移行することがある。

160.
(1)ア
イ
ウ
(2)

知識
161. 地球温暖化
次の文章を読み，下の各問いに答えよ。

大気中の二酸化炭素は，地表から放出される(　ア　)を吸収し，再び放出する。その熱の一部が地表に戻り，地表や大気の温度を上昇させる現象を(　イ　)という。(　イ　)をもたらす気体を(　ウ　)といい，(　エ　)や(　オ　)も(　ウ　)の1つである。(　ウ　)が増加して地球温暖化が進むことによる，生態系への影響が心配されている。

(1) 文章中の空欄に当てはまる語を，下の[語群]からそれぞれ選べ。
[語群]　酸素　温室効果　二酸化炭素　富栄養化　メタン
熱エネルギー　光エネルギー　温室効果ガス

(2) 下線部について，地球温暖化により生じると考えられる影響として**当てはまらないもの**を，次の①～④から1つ選べ。
① 山岳氷河の融解などによって海面が上昇して陸地面積が減少し，生物の生息環境が失われる。
② 暖かい低緯度地域に生育する植物が，より高緯度地域に分布を広げる。
③ 本来は標高の高い場所に生息する植物が，低地に分布を広げる。
④ サンゴが白化した状態が長期間続き，栄養分が得られず死滅する。

161.
(1)ア
イ
ウ
エ
オ
(2)

(2) サンゴは，共生する藻類から栄養分をもらって生活している。水温が一定以上になると，共生する藻類がサンゴから減少し，サンゴは白化する。

知識
162. 外来生物 外来生物について，次の各問いに答えよ。

(1) 次の文章中の空欄(ア)～(エ)に当てはまる語を答えよ。

人間によって本来の生息場所から別の場所へ持ち込まれ，そこにすみ着いた生物を(ア)という。このうち，移入先で大きな影響を与えるものは，特に(イ)と呼ばれる。日本では，法律によって，(ア)のなかで特に在来種に与える影響が大きいものを(ウ)に指定し，その(エ)や栽培，保管，運搬を原則として禁止している。

(2) 外来生物に関する次の①～⑤の文のうち，正しいものを1つ選べ。

① 外国から日本に飛来する渡り鳥も，外来生物に含まれる。
② 動物愛護の観点から，外来生物の駆除は行われていない。
③ 日本の在来種は繁殖力が弱く，海外で現地の生態系に影響を及ぼす外来生物となることはない。
④ 外来生物には，ペット用に持ち込まれて自然界に拡散したものもいる。
⑤ 国内で他の地域に移された生物は，外来生物として扱わない。

162.
(1)ア
イ
ウ
エ
(2)

知識
163. 外来生物と絶滅危惧種 日本に持ち込まれた外来生物と，日本の絶滅危惧種とその減少の要因の組み合わせとして正しいものを下表の①～③から選べ。

	外来生物	絶滅危惧種	主な減少の要因
①	ヒゴタイ	ライチョウ	森林伐採
②	フイリマングース	ヒゴタイ	乱獲
③	ハリネズミ	ダイトウオオコウモリ	農薬の使用

163.

知識
164. 絶滅のおそれがある生物 次の文章を読み，下の各問いに答えよ。

絶滅のおそれがある生物は(ア)と呼ばれ，近年では人間活動がその原因とされるものも多い。(イ)では，その絶滅の危険性を判定して生物を分類している。また，(イ)にもとづいて生物の生息状況や(ウ)の危険度を具体的に記したものは，(エ)と呼ばれる。

(1) 文章中の空欄(ア)～(エ)に当てはまる語を答えよ。

(2) (ア)の保護を目的に制定された種の保存法では，人為的な影響で絶滅が危惧されている生物を何と指定しているか。次の[語群]から選べ。

[語群] キーストーン種　希少野生動植物種　特定外来生物

164.
(1)ア
イ
ウ
エ
(2)

知識
165. 生息地の分断 開発による生息地の分断に関する記述として，誤っているものを次の①～④から1つ選べ。

① 森林に道路が建設されることで，動物が生存や繁殖に必要な場所にたどり着けなくなる場合がある。
② 森林に道路が建設されても，植物の繁殖には影響を与えることはない。
③ 河川にダムが建設される際に，サケなどが河川を遡上できなくなることを防ぐために魚道と呼ばれる水路が設けられる。
④ 河川にダムが建設されても，繁殖期に河川を遡上せず，河川全域で生活する魚類では，その場に残った個体や子孫が生息し続ける場合もある。

165.

知識

166. 人間活動による影響 次の文章中の下線部a～dに示す人間活動と関連の深い現象を，下の[語群]からそれぞれ選べ。また，それによる生態系への影響を下のア～エからそれぞれ選べ。

人間が便利さや快適さを求めて生活水準を上げる一方で，自然環境に多くの影響が及んでいる。たとえば，$_a$化石燃料の利用や$_b$生活排水の流出によって自然界へさまざまな物質を放出したり，$_c$養殖や観賞用の生物の持ち込みによって，生態系を構成する種を変化させたりしている。また，$_d$ダム建設などの開発によって生物の生息地を変化させている。

[語群]　外来生物の移入　地球温暖化
　　　　生息地の分断　富栄養化

ア．水中の栄養塩類がふえ，ある植物プランクトンが異常に増殖した。
イ．サケが産卵場所にたどり着けなくなり，個体数を減らした。
ウ．捕食によって在来種を駆逐した。
エ．海水温の上昇によって，サンゴとそれを利用する生物が減少した。

知識

167. 生態系の保全 生態系の保全について，次の各問いに答えよ。

(1) 次の①～④から生態系サービスの例を選んだ組み合わせとして適当なものを，下のa～dから選べ。
① 畑で育てた野菜を食べる。
② 自然浄化により浄化された水を利用する。
③ 植物が光合成で産生した酸素を利用する。
④ 登山を行う。
a．①，②　b．②，③　c．②，③，④　d．①，②，③，④

(2) 次の①～③の文のうち，正しいものを1つ選べ。
① ある種が絶滅したときの生態系への影響は，正確に予想できる。
② 環境が多様であると，多様な生物が生息できるため，積極的に森林や河川を開発するとよい。
③ 生態系サービスを受け続けるためには，生物多様性の高い生態系を維持する必要がある。

知識　計算

168. 生物濃縮 下図は，ある農薬が食物連鎖を通じてどのように濃縮されたかを模式的に示したものである。

ヒツジ 2700 ppm
牧草 90 ppm
土壌中 4.5 ppm

(1) 次のA～Cの間で，農薬は何倍に濃縮されたか。次の①～⑥からそれぞれ選べ。
A．土壌から牧草までの間
B．牧草からヒツジまでの間
C．土壌からヒツジまでの間
① 20倍　② 30倍　③ 40倍
④ 300倍　⑤ 500倍　⑥ 600倍

(2) 生物濃縮はどのような特徴をもった物質が生体内に取り入れられたときにみられることが多いか。次の①～④からすべて選べ。
① 体内から排出されにくい。　② 体内から排出されやすい。
③ 体内で分解されにくい。　④ 体内で分解されやすい。

166.
a
現象
影響
b
現象
影響
c
現象
影響
d
現象
影響

167.
(1)
(2)

168.
(1) A
B
C
(2)

思考 論述

169. 自然浄化

下図は，汚水が河川に流入したときにみられる，生態系の変化を示したものである。下の各問いに答えよ。

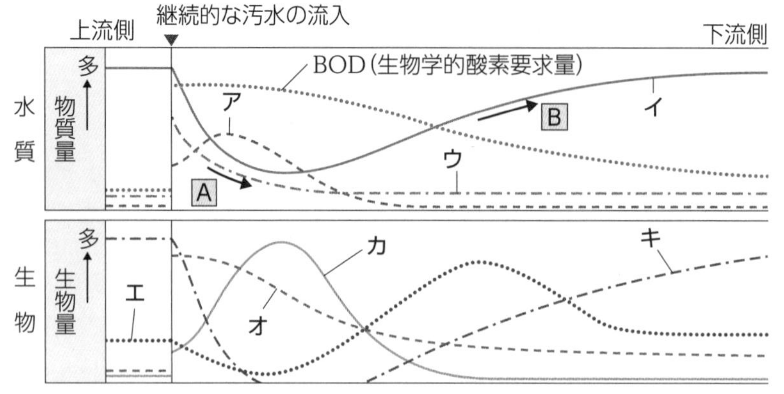

(1) ア～キは何の変化を示しているか。次の①～⑦からそれぞれ選べ。
① 藻類　② 清水性動物　③ 汚濁物質　④ NH_4^+
⑤ 酸素　⑥ イトミミズ　⑦ 細菌

(2) [A] で示したウの減少の要因を述べた次の文中の空欄に当てはまる語を下の1～4から選べ。
微生物による（　a　）や，多量の水による（　b　），泥や岩への（　c　），（　d　）などにより減少した。
1．希釈　2．分解　3．吸着　4．沈殿

(3) (2)のような作用を何というか。

(4) [B] で示したイの増加は，エ～キのどの生物による影響が大きいか。

(5) 図の場合と異なり，撹乱を受けた生態系が元に戻らずに別の状態に移行する場合もある。どのような撹乱を受けた場合か説明せよ。

169.
(1) ア　イ　ウ　エ　オ　カ　キ
(2) a　b　c　d
(3)
(4)
(5)

ヒント
(4) イはある生物によって産生・吸収される。イの増加に先駆けて増加している要素を選ぶ。

思考 論述

170. 里山

里山は，そこに暮らす人々の営みによってつくられた生態系である。里山では，多様な環境が維持されており，さまざまな生物が生息している。人間活動の変化に伴って，里山が手入れされなくなることによる生態系への影響について，雑木林を例に[語群]中の語をすべて用いて簡潔に述べよ。

[語群]　雑木林　伐採　遷移　生息場所

170.

ヒント
雑木林は，多くの生物に食物や生息場所を提供している。

知識

171. 人間活動の影響

下に示す[外来生物]について，その影響を強く受けた[在来種]と，外来生物が与えた[影響]の組み合わせとして正しいものを①～④からそれぞれ選べ。

[外来生物]　A．オオクチバス　B．フイリマングース
[在来種]　C．アマミノクロウサギ　D．フナ類
　E．アホウドリ
[影響]　F．捕食によって個体数を減少させる。
　G．病気を媒介する。　H．生息地を奪う。

① C，F　② C，G　③ D，F　④ E，H

171.
A　B

ヒント
オオクチバスは魚食性が強い。

思考 論述

172. 生息地の分断の影響 繁殖期に産卵場所に向かって河川を遡上する魚類の生息する河川の途中にダムを建設すると，魚類の生息にどのような影響を及ぼすことが考えられるか。また，その影響を抑えるために，どのような対策をとることができるか。それぞれ簡潔に述べよ。

知識 計算

173. 生物濃縮 次の文章を読み，下の各問いに答えよ。

河川や海，土壌などに排出された物質が生体内に取り込まれ，まわりの環境より高濃度に蓄積される現象を(　ア　)という。環境中に放出された放射性物質や農薬などは，(　イ　)を通じて(　ウ　)の消費者の体内により高濃度に蓄積し，影響を与える場合がある。

(1) 文章中の空欄に適する語を，下の①～⑤からそれぞれ選べ。

① 富栄養化　② 食物連鎖
③ 生物濃縮　④ 高次
⑤ 低次

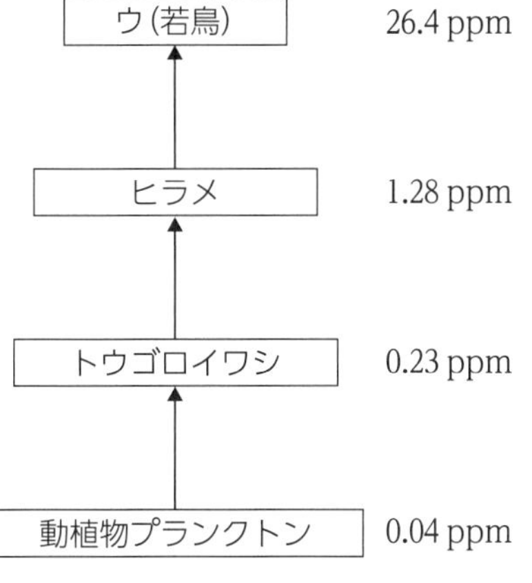

(2) 右図は，ある物質が食物連鎖を通して蓄積されていった例を示している。$_A$ヒラメと$_B$ウ(若鳥)では，この物質はそれぞれ動物プランクトンの何倍に濃縮されているか計算せよ。

(3) 次の①～④の文のうち，生物濃縮の特徴に関する記述として最も適当なものを1つ選べ。

① 体内で分解されて有害物質に変化し，自然界に排出されやすい物質が生体内に取り込まれたときにみられることが多い。
② 高次の消費者が減少するのは，食物である低次の消費者が有害物質の影響を受けやすく，大きく減少してしまうためである。
③ 高次の消費者ほど高濃度に蓄積し，重大な影響が出ることがある。
④ 一般に，高次の消費者の方が，代謝能力が低いため，その体内で物質が高濃度に蓄積される現象がみられる。

172.

影響

対策

ヒント
ダムの建設によって，サケの生息場所が分断される。

173.

(1) ア　　イ

ウ

(2) A

B

(3)

ヒント
アが起こりやすい物質は，イの過程で生体内からあまり減少しない。

リフレクション Reflection

次の2つの問いについて，それぞれ[　]内の語を用いて答えよ。

❶ 撹乱を受けた生態系が元の状態に戻るしくみを説明せよ。　[撹乱の程度，復元力]

➡ 書けなかったら… 160，169 へ

❷ 生息地の分断が生物の多様性に与える影響を説明せよ。　[生存や繁殖，絶滅]

➡ 書けなかったら… 165，172 へ

2つとも答えられたら次のテーマへ！

第5章 生態系とその保全

17 第5章　章末問題

学習日　1回目　／　2回目　／

思考　実験・観察

174. 土壌生態系　表1は森林内およびそれに続く林縁，草原の土壌動物の種類別の個体数を示したものである。また，表2は森林内における深さ別の土壌動物の個体数を示したものである。

表1

	草原	林縁	林内
調査地の明るさ	非常に明るい	明るい	やや暗い
地面のようす	乾燥している	やや湿っている	湿っている
ミミズのなかま	45	27	122
トビムシのなかま	10	16	74
クモのなかま	38	57	61
ダンゴムシのなかま	2	10	38

表2

深さ(cm)	0〜2.5	2.5〜5	5〜7.5	7.5〜10	10〜12.5	12.5〜15
個体数	71	11	7	8	2	1

(1)　草原，林縁，林内を土壌動物の個体数が多い順に並べよ。

(2)　表1，2の考察として最も適当なものを，次の①〜④から2つ選べ。

①　土壌動物は明るく乾燥した環境を好む。

②　土壌動物は暗く湿った環境を好む。

③　土壌動物は落葉・落枝が多い環境に多く生息する。

④　土壌動物は岩石が風化した層に多く生息する。

174.

(1)　　→　　→

(2)

ヒント

(2)　土壌は，地表から順に落葉・落枝がたまる層，腐植が多い層，岩石が風化した層からなる。

思考　論述

175. 間接効果　アリューシャン列島の海域には，ケルプと呼ばれる海藻が生育している。同じ場所に生息するウニはケルプを摂食している。さらに，ラッコはウニを捕食する。これを踏まえ，次の各問いに答えよ。

(1)　ケルプ，ウニ，ラッコの間でみられるような，捕食者と被食者が連続的につながった一連の関係を何というか。

(2)　この海域でラッコが減少したことがある。そのときのケルプの個体数の変化を示したグラフとして適当なものを，次の①〜③から選べ。

①
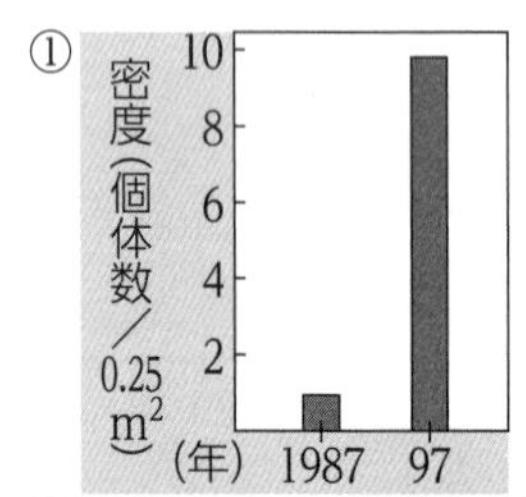

②
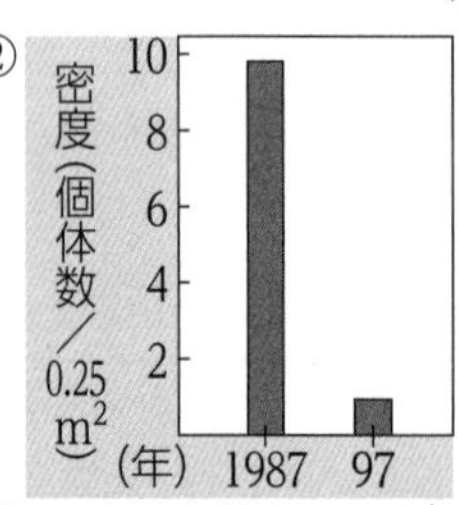

③
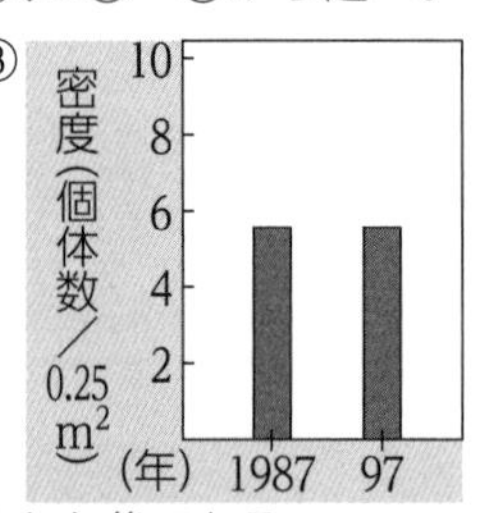

1987年はラッコが減少する前，1997年はラッコが減少した後である。

(3)　(2)のように個体数が変化した理由を簡潔に述べよ。

(4)　この生態系においてラッコは食物網の上位の種であり，この種の減少や絶滅によって，種の多様性が著しく低下する可能性がある。このような種を何と呼ぶか。

175.

(1)

(2)

(3)

(4)

ヒント

(2)　ある生物の捕食者が減少すると，減少前に比べて，その生物の個体数の減少が抑制される。

知識

176. 生態系のバランス

右図は，ある湖の，窒素やリンなどの無機物の濃度，植物プランクトンの個体数，その捕食者である動物プランクトンの個体数の変動を模式的に示したものである。

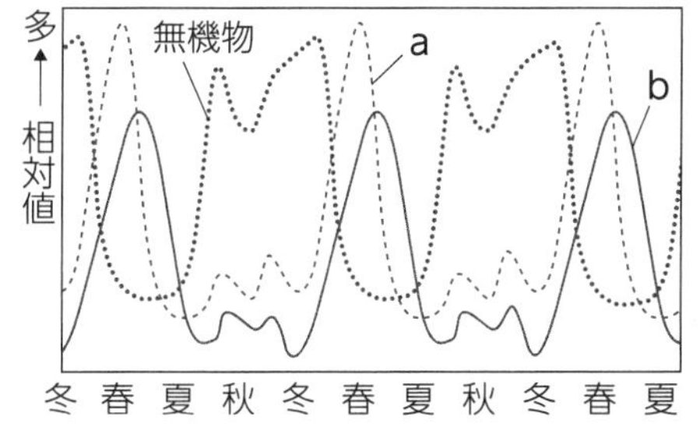

(1) a，bは，それぞれ植物プランクトンと動物プランクトンのどちらの個体数の変動を表すか。

(2) 図の植物プランクトンと動物プランクトンに関する説明として**誤っているもの**を，次の①～⑤から2つ選べ。

① 植物プランクトンは生産者，動物プランクトンは消費者である。
② 動物プランクトンは従属栄養生物であり，植物プランクトンが合成した有機物を利用できない。
③ 動物プランクトンは呼吸により二酸化炭素を大気中に放出するが，植物プランクトンはこれを行わない。
④ 動物プランクトンが増加すると，続いて植物プランクトンが減少することがある。
⑤ 植物プランクトンが減少すると，続いて動物プランクトンが減少することがある。

176.
(1) a
b
(2)

ヒント 窒素やリンなどの無機物は，植物プランクトンの栄養分となる。

思考 実験・観察

力だめし⑤ 自然浄化

自然浄化における有機物の分解が微生物の働きによるものであることを確かめるために，次のような実験を行った。

【実験】

① 川底の砂を採取し，3つのビーカー(A，B，C)に均等に分ける。
② Bに水を加え，5分間煮沸したのち，水を捨てる。
③ すべてのビーカーに米のとぎ汁を加え，AとBにはエアポンプで酸素を送り込む。
④ エアポンプを入れる前(0時間)と，24時間後，48時間後に，それぞれの水のCOD(化学的酸素要求量)を測定した。

右表は，実験の結果を示している。実験結果を考察した次の文章中のア～エで正しい方をそれぞれ選べ。

	COD *		
	0時間	24時間後	48時間後
A	100	60	10
B	100	100	100
C	100	80	50

＊0時間の値を100としたときの相対値。

ビーカー(ア. A・B)では，煮沸によって微生物を死滅させており，CODが変化して(イ. いる・いない)ことから，有機物の分解が微生物の働きによるものであることが確認できた。

また，ビーカー(ウ. BとC・AとC)の結果から，酸素を送り込むことで，有機物が盛んに分解されていることがわかる。このことから，微生物は送り込まれた酸素を(エ. 呼吸・捕食)に使ったと考えられる。

力だめし⑤
ア
イ
ウ
エ

ヒント CODとは，水中に存在する有機物を化学的に酸化するのに必要な酸素量である。CODの値が高いと，有機物が多く，水質は悪いとされる。

WORD TRAINING

第1章

☑ **1** 生物を分類する際の基本単位を何というか。

☑ **2** すべての生物のからだを構成する基本単位を何というか。

☑ **3** 進化を通じて形質が生活環境に適するようになることを何というか。

☑ **4** 生物が進化してきた道筋を何というか。

☑ **5** 核をもたない細胞を何というか。

☑ **6** 核をもつ細胞でできた生物を何というか。

☑ **7** 細胞を外部と仕切る，細胞質の最外層として存在する膜を何というか。

☑ **8** **6**の細胞内に存在する特定の働きをもつ構造体を何というか。

☑ **9** 呼吸を行う場となる**8**を何というか。

☑ **10** 植物細胞にみられる，光合成を行う場となる**8**を何というか。

☑ **11** 生体内で行われる化学反応全体をまとめて何というか。

☑ **12** **11**のうち，単純な物質から複雑な物質を合成する反応を何というか。

☑ **13** **11**のうち，エネルギーの放出を伴う反応を何というか。

☑ **14** 植物などが合成した有機物を取り入れて生活する生物を何というか。

☑ **15** **11**に伴うエネルギーの出入りの仲立ちを行う物質を何というか。

☑ **16** **15**から1分子のリン酸がとれた物質を何というか。

☑ **17** 生物が二酸化炭素を吸収して有機物を合成する反応を何というか。

☑ **18** **17**のうち，光エネルギーを用いる反応を何というか。

☑ **19** 化学反応を促進し，自身は反応前後で変化しない物質を何というか。

☑ **20** タンパク質を主成分として，**19**として働く物質を何というか。

☑ **21** **20**は特定の物質にのみ作用する。この性質を何というか。

第2章

☑ **22** DNAの基本単位で，糖，塩基とリン酸が結合したものを何というか。

☑ **23** DNAに含まれる糖は何か。

☑ **24** DNAの塩基には，アデニン，チミン，グアニンの他に何があるか。

☑ **25** 2本の**22**の鎖がらせん構造をとったDNAの構造を何というか。

☑ **26** DNAで塩基どうしが特異的に結合する性質を，塩基の何というか。

☑ **27** DNAの2本のヌクレオチド鎖がそれぞれ鋳型となり，新しい鎖を合成するような複製のしくみを何というか。

☑ **28** 体細胞分裂をくり返す細胞での，分裂期と間期のくり返しを何というか。

☑ **29** DNAにはみられないが，RNAには含まれる塩基は何か。

☑ **30** RNAに含まれる糖は何か。

☑ **31** DNAの塩基配列がRNAに写し取られる過程を何というか。

☑ **32** タンパク質のアミノ酸の種類や配列順序，総数などを指定するRNAを何というか。

☑ **33** **32**の塩基配列で，アミノ酸を指定する塩基3つの並びを何というか。

☑ **34** アミノ酸と結合して**32**に運ぶRNAを何というか。

☑ **35** **32**と相補的に結合する，**34**の塩基3つの並びを何というか。

☑ **36** **32**の塩基配列をもとにタンパク質を合成する過程を何というか。

☑ **37** 遺伝情報はDNA→RNA→タンパク質へと一方向に流れるという原則を何というか。

☑ **38** 細胞が特定の形態や機能をもつようになることを何というか。

☑ **39** 生物が自らの形成・維持に必要とする1組の遺伝情報を何というか。

第3章

☑ **40** 体内の状態を安定に保ち，生命を維持する性質を何というか。

☑ **41** 神経細胞などで構成される器官をまとめて何というか。

☑ 42 活動状態や緊張状態で優位に働く自律神経は何か。

☑ 43 安静な状態で優位に働く自律神経は何か。

☑ 44 脳において，間脳，中脳，延髄からなる部分を何というか。

☑ 45 自律神経系と内分泌系の働きを調節し，恒常性を司る中枢は何か。

☑ 46 大静脈と右心房の境界付近にあり，心臓の周期的な拍動を維持する部分を何というか。

☑ 47 ホルモンを血液などの体液中に直接分泌する器官を何というか。

☑ 48 ホルモンが作用する器官を何と呼ぶか。

☑ 49 脳の神経細胞がホルモンを分泌する現象を何というか。

☑ 50 最終的な結果が前の段階にさかのぼって作用するしくみを何というか。

☑ 51 副腎髄質から分泌され，血糖濃度を上昇させるホルモンを何というか。

☑ 52 ランゲルハンス島B細胞から分泌され，血糖濃度を低下させるホルモンを何というか。

☑ 53 血糖濃度の高い状態が続く病気を何というか。

☑ 54 血液凝固で，フィブリンと血球が絡み合ってできるものを何というか。

☑ 55 採血した血液を静置した時に生じる，淡黄色の液体を何というか。

☑ 56 病原体などの異物を細胞内に取り込む働きを何というか。

☑ 57 病原体を幅広く認識し，56などにより排除する免疫を何というか。

☑ 58 リンパ球が病原体を特異的に排除する免疫を何というか。

☑ 59 リンパ球によって特異的に認識される物質を何というか。

☑ 60 59と特異的に結合してその感染性や毒性を弱めるタンパク質は何か。

☑ 61 ある59に対して58の反応がみられない状態を何というか。

☑ 62 59を認識し，B細胞や57で働く細胞を活性化させるリンパ球は何か。

☑ 63 一度反応した59の情報を記憶した細胞をつくるしくみを何と呼ぶか。 ＿＿＿＿

☑ 64 同じ病原体が再び侵入したときに生じる免疫反応を何というか。 ＿＿＿＿

☑ 65 自己の成分への免疫反応により組織の障害が起こる病気を何というか。 ＿＿＿＿

☑ 66 病原体以外の異物に対して起こる過敏な58の反応を何というか。 ＿＿＿＿

☑ 67 予防接種に用いる，弱毒化または無毒化した病原体や毒素を何というか。 ＿＿＿＿

第4章

☑ 68 ある地域に生育する植物の集まりを何というか。 ＿＿＿＿

☑ 69 68の構成種で，占有する生活空間が最も大きい種を何というか。 ＿＿＿＿

☑ 70 68の外観上の様相を何と呼ぶか。 ＿＿＿＿

☑ 71 森林にみられる垂直方向の層状の構造を何というか。 ＿＿＿＿

☑ 72 光合成速度から呼吸速度を引いた値を何と呼ぶか。 ＿＿＿＿

☑ 73 光合成速度と呼吸速度が等しくなるときの光の強さを何というか。 ＿＿＿＿

☑ 74 光を強めても光合成速度が変化しなくなる光の強さを何というか。 ＿＿＿＿

☑ 75 芽ばえや幼木の時期に陰生植物の特徴を示す樹木を何というか。 ＿＿＿＿

☑ 76 遷移の初期段階の環境に進入・定着する種を何というか。 ＿＿＿＿

☑ 77 構成種に大きな変化がみられなくなった状態の森林を何というか。 ＿＿＿＿

☑ 78 林冠を構成する高木が枯死するなどしてできる空間を何というか。 ＿＿＿＿

☑ 79 伐採後の土地など，土壌の存在する場所ではじまる遷移を何というか。 ＿＿＿＿

☑ 80 地域ごとに形成される，互いに関係をもった生物の集団を何というか。 ＿＿＿＿

☑ 81 緯度の違いに伴う水平方向の80の分布を何というか。 ＿＿＿＿

☑ 82 標高の違いに対応した80の分布を何というか。 ＿＿＿＿

☑ 83 高山などにおいて，森林が成立できなくなる境界を何というか。 ＿＿＿＿

第5章

☑ 84 生物を取り巻く温度，光，水，大気，土壌などの環境を何というか。 ＿＿＿＿

☑ 85 84が生物に与える影響を何というか。

☑ 86 生物が84に与える影響を何というか。

☑ 87 生態系において無機物から有機物をつくる独立栄養生物を何と呼ぶか。

☑ 88 種の多様性も含め，生物にみられる多様性を何というか。

☑ 89 生態系にみられる，複雑な網目状の食物連鎖の関係を何というか。

☑ 90 89の上位にあり，他の生物に大きな影響を与える種を何と呼ぶか。

☑ 91 2種の生物間の関係が，それ以外の生物に及ぼす影響を何というか。

☑ 92 川や海などに流入した汚濁物質が，生物の働きや岩などへの吸着などによって減少する作用を何というか。

☑ 93 92にみられるように，生態系が撹乱を受ける前の状態に戻り，そのバランスを保つことを生態系の何と呼ぶか。

☑ 94 湖などで栄養塩類が蓄積して高濃度になる現象を何というか。

☑ 95 94により植物プランクトンが増殖し，水面が赤褐色になる現象は何か。

☑ 96 大気中の二酸化炭素やメタンなどが，吸収した熱エネルギーを再び放出し，地表や大気の温度を上昇させる現象を何というか。

☑ 97 人間活動によって本来の生息場所以外の場所に持ち込まれ，そこにすみ着いている生物を何と呼ぶか。

☑ 98 97のうち，移入先で，生態系や人間の生活に大きな影響を与える，またはそのおそれのある生物を何と呼ぶか。

☑ 99 農村における，水田やため池，雑木林などが存在する一帯を何と呼ぶか。

☑ 100 開発を行う際に，それが環境に及ぼす影響を事前に調査，予測，評価し，環境への適正な配慮がなされるようにすることを何というか。

☑ 101 絶滅のおそれがある生物を何と呼ぶか。

☑ 102 絶滅のおそれがある生物をその危険性を判定し分類したものは何か。

☑ 103 ヒトが生態系から受ける恩恵を何というか。

新課程版　プログレス生物基礎

2022年１月10日　初版　第１刷発行
2024年１月10日　初版　第３刷発行

編　者　第一学習社編集部
発行者　松本 洋介
発行所　株式会社 第一学習社

広島：広島市西区横川新町７番14号　〒733-8521　☎ 082-234-6800
東京：東京都文京区本駒込５丁目16番７号　〒113-0021　☎ 03-5834-2530
大阪：吹田市広芝町８番24号　〒564-0052　☎ 06-6380-1391

札　幌 ☎ 011-811-1848　仙台 ☎ 022-271-5313　新　潟 ☎ 025-290-6077
つくば ☎ 029-853-1080　横浜 ☎ 045-953-6191　名古屋 ☎ 052-769-1339
神　戸 ☎ 078-937-0255　広島 ☎ 082-222-8565　福　岡 ☎ 092-771-1651

訂正情報配信サイト　47280-03
利用に際しては，一般に，通信料が発生します。

https://dg-w.jp/f/ed8c1

47280-03

■落丁，乱丁本はおとりかえいたします。

ISBN978-4-8040-4728-7

ホームページ
https://www.daiichi-g.co.jp/

生物基礎で扱う重要な図・グラフ

ATP の構造

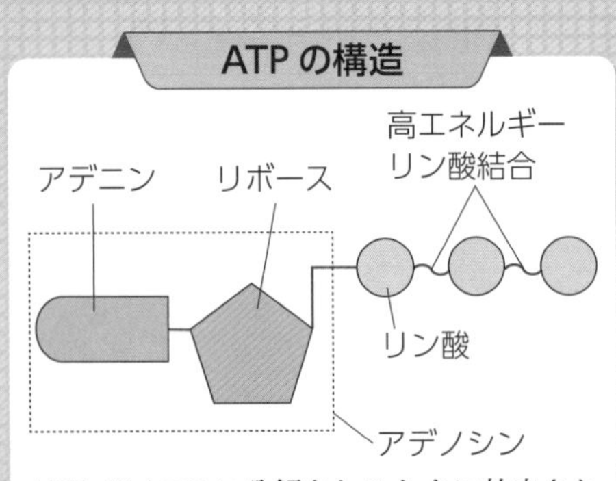

ATP が ADP に分解されるときに放出されるエネルギーが生命活動に用いられる。

細胞周期における DNA 量の変化

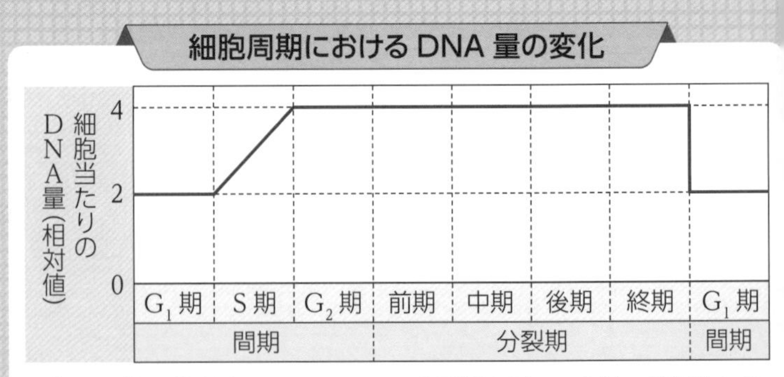

間期の S 期に複製された DNA は，分裂期を経て，2 個の娘細胞に均等に分配される。

遺伝暗号表（➡ p.36　標準問題 64，p.39　章末問題 70）

1番目の塩基	2番目の塩基 U	2番目の塩基 C	2番目の塩基 A	2番目の塩基 G	3番目の塩基
U	UUU, UUC フェニルアラニン UUA, UUG ロイシン	UCU, UCC, UCA, UCG セリン	UAU, UAC チロシン UAA, UAG（終止）※2	UGU, UGC システイン UGA（終止）※2 UGG トリプトファン	U C A G
C	CUU, CUC, CUA, CUG ロイシン	CCU, CCC, CCA, CCG プロリン	CAU, CAC ヒスチジン CAA, CAG グルタミン	CGU, CGC, CGA, CGG アルギニン	U C A G
A	AUU, AUC, AUA イソロイシン AUG メチオニン（開始）※1	ACU, ACC, ACA, ACG トレオニン	AAU, AAC アスパラギン AAA, AAG リシン	AGU, AGC セリン AGA, AGG アルギニン	U C A G
G	GUU, GUC, GUA, GUG バリン	GCU, GCC, GCA, GCG アラニン	GAU, GAC アスパラギン酸 GAA, GAG グルタミン酸	GGU, GGC, GGA, GGG グリシン	U C A G

※1　AUG は，メチオニンを指定するコドンであるとともに，翻訳の開始を指示するコドンでもある。
※2　UAA，UAG，UGA は，アミノ酸を指定せず，翻訳を終止させる役割を担うコドンである。

64 種類のコドンに対応するアミノ酸を示した表を，遺伝暗号表という。コドンの 1 番目の塩基を左欄から，2 番目の塩基を上欄から，3 番目の塩基を右欄から選んで組み合わせると，そのコドンが指定するアミノ酸がわかる。

健康なヒトと糖尿病患者

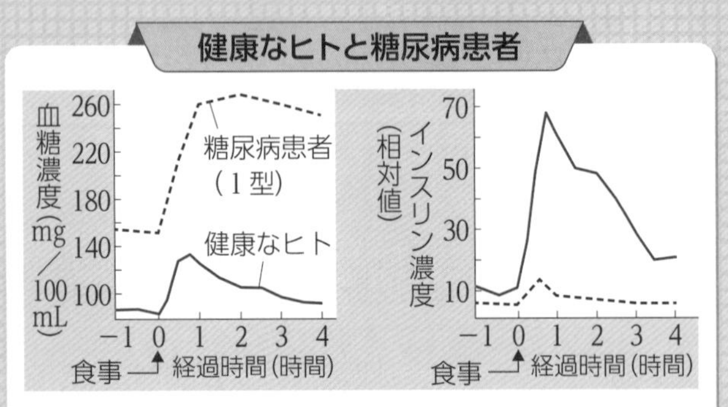

糖尿病のヒトでは，食事直後にインスリンが十分に分泌されず，血糖濃度の低下に時間を要する。

二次応答

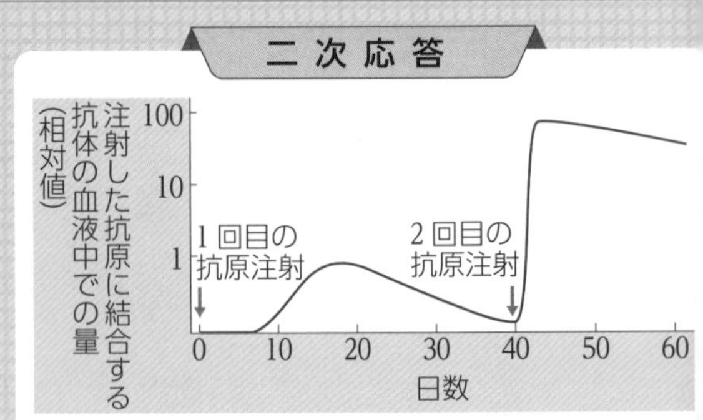

体内に同じ抗原が再び侵入すると，1 回目の侵入よりも多量の抗体が速やかにつくられる。